高等职业教育计算机类专业系列教材

U0159847

计算机网络技术及应用

主　编　贺争汉

副主编　刘志勇　张伟斌

西安电子科技大学出版社

内 容 简 介

　　本书是依据教育部《高等职业学校计算机应用技术专业教学标准》对计算机网络技术课程教学的基本要求编写的,同时根据高等职业教育和计算机技术的发展对内容进行了适当的调整,编写过程中还参照了"网络系统规划与部署"1+X证书考试大纲。

　　全书由7个项目组成,主要内容包括:认识计算机网络、组建小型局域网、大型企业网组建、组建无线网络、网络服务系统的部署、中小型网络安全部署和网络故障排除。每个项目均配有实训和习题。

　　本书可作为高职高专相关专业计算机网络课程的教材,也可作为参加网络专业技术资格和水平考试的人员以及从事网络研究与应用工作的人员的参考书。

图书在版编目(CIP)数据

计算机网络技术及应用 / 贺争汉主编. --西安:西安电子科技大学出版社,2023.7
ISBN 978-7-5606-6911-3

Ⅰ.①计… Ⅱ.①贺… Ⅲ.①计算机网络 Ⅳ.①TP393

中国国家版本馆 CIP 数据核字(2023)第 116546 号

策　　划　高樱
责任编辑　高　樱
出版发行　西安电子科技大学出版社(西安市太白南路 2 号)
电　　话　(029) 88202421　88201467　　　　邮　编　710071
网　　址　www.xduph.com　　　　　　　电子邮箱　xdupfxb001@163.com
经　　销　新华书店
印刷单位　陕西天意印务有限责任公司
版　　次　2023 年 7 月第 1 版　　2023 年 7 月第 1 次印刷
开　　本　787 毫米×1092 毫米　1/16　印张 13
字　　数　307 千字
印　　数　1～1000 册
定　　价　38.00 元
ISBN　978-7-5606-6911-3 / TP

XDUP 7213001-1
如有印装问题可调换

前　言

　　本书是由多年从事计算机网络技术理论和实践教学的教师精心编写而成的。本书结合目前国内高校计算机网络教学的实际，融合计算机网络技术的最新发展，系统地阐述了计算机网络的基础理论和主流技术。

　　本书以实训项目为引导，以主流的网络设备厂商 Cisco 设备为载体，采用 Cisco Packet Tracer 软件模拟真实环境。全书以应用为导向，以实践为基础，注重新颖性、科学性、系统性和实用性。在内容编排上，按照从"具体"到"抽象"的认识规律；在理论讲解上，力求符合学生认知规律和课程教学规律；在表述形式上，以项目驱动形式，将理论和技术放在项目实践应用背景下进行讲解。

　　本书由咸阳职业技术学院贺争汉担任主编，刘志勇、张伟斌担任副主编。其中，贺争汉编写了项目 4、项目 5 和项目 6，并负责全书的组织和统稿；刘志勇编写了项目 1 和项目 2；张伟斌编写了项目 3 和项目 7。在编写本书的过程中，我们得到了神州云科信息技术有限公司的大力支持，在此表示感谢。

　　西安电子科技大学出版社的相关人员在本书的出版过程中给予了大力支持，他们为本书的出版花费了大量的时间和精力，在此表示衷心的感谢。

　　虽然我们已尽心尽力，但由于编者水平有限，加之新的知识和技术资料不断涌现，书中难免有不妥和疏漏之处，敬请广大读者批评指正。

编　者

2023 年 3 月

目　录

项目 1

认识计算机网络

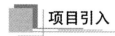**项目引入**

　　小明是计算机网络技术专业一年级学生，他计划毕业后从事计算机网络组建维护工作。要从事此项工作，他决定从认识计算机网络开始。

学习目标

- 理解计算机网络的概念；
- 了解计算机网络的分类；
- 了解计算机网络结构；
- 了解计算机网络的性能指标。

1.1　计算机网络的概念

　　将处于不同地理位置的多台具有独立功能的计算机通过某种通信介质连接起来，以某种网络硬件和软件(网络协议、网络操作系统等)进行管理并实现网络资源通信和共享的系统，称为计算机网络系统。

　　连接网络的通信介质可以是有线的，如双绞线、同轴电缆、光纤等；也可以是无线的，如卫星微波、红外光波、超短波等。

1.2　计算机网络的分类

　　与一般的事物分类方法一样，计算机网络也可以按其所具有的不同性质特点(即属性)进行分类。因此，计算机网络的分类标准有许多种，如按覆盖范围分类，按拓扑结构分类，按网络协议分类，按计算机在网络中的地位分类，按传输介质的不同利用方式分类等。不同的分类标准能得到不同的分类结果，本节将介绍 3 种不同标准的计算机网络分类。

1. 按计算机网络的覆盖范围分类

　　按计算机网络的覆盖范围来分类，可以将计算机网络分为 3 类，即局域网(Local　Area

Network，LAN)、城域网(Metropolitan Area Network，MAN)和广域网(Wide Area Network，WAN)，它们的特性参数见表 1-1。

表 1-1　各类计算机网络的特性参数

网络类型	覆盖范围	地理位置	传输速率
局域网(LAN)	10 m	房间	4 Mb/s～10 Gb/s
	100 m	建筑物	
	<10 km	校园	
城域网(MAN)	10～100 km	城市	50 kb/s～2 Gb/s
广域网(WAN)	100～1000 km	国家或地区	9.6 kb/s～2 Gb/s

1) 局域网

局域网是分布在有限地理范围内的网络。由于地理范围较小，局域网通常用专用通信线路连接。局域网的本质特征是覆盖范围小、数据传输速率较高，一般由具体单位管理。

局域网的覆盖范围一般在几千米之内，它通常是由一个部门或一个单位组建的网络。局域网是在微型机得到广泛应用后迅速发展起来的。局域网易于组建和管理，具有简单的拓扑结构，传输延时小，另外还具有成本低、应用广泛、组网灵活和使用方便等优点。

2) 城域网

城域网是一种介于广域网和局域网之间的范围较大的网络，覆盖范围通常是一个城市的规模，一般为几十千米。城域网设计的目标是满足一个地区内的计算机互联的要求，以实现连接大量用户、传输多种信息的综合信息传输网络。

3) 广域网

广域网也称为远程网。广域网通常是指分布范围较大，可覆盖一个地区、一个国家甚至全球范围的，由局域网、主机系统等互联而成的大型计算机通信网络。广域网的特点是采用的协议和网络拓扑结构多样化、数据传输速率较低、传输延时较大，通常采用公共通信网作为通信子网。Internet 就是一种重要的广域网。

2. 按传输介质的利用方式分类

计算机网络是通过传输介质来传输信息的。对于传输介质的两种不同利用方式形成了两种不同的网络，即共享介质的网络和交换式网络。

1) 共享介质的网络

传统的局域网大都以共享传输介质为基础。例如，在以太网(Ethernet)中，各工作站(即连接到网络的计算机)共享总线，每一时刻只有一个工作站占用总线。在令牌环网(Token Ring)中，只有拥有令牌的工作站才能向网络发送信息。在这样的网络上，随着网络用户的增加，每个用户占用传输介质的时间将越来越少，网络通信的延时也将越来越大，网络的性能将越来越差。为了解决这个问题，人们采用了网络微化技术，即在网络中增加网桥或路由器将网络分解为若干个较小的网络，各个网段内的计算机共享传输介质。如果要访问的目标计算机在其他网段内，则访问才能穿过网桥或路由器；如果要访问的目标计算机就在本网段内，则访问信息就被网桥或路由器限制在本网段内。

2) 交换式网络

交换式网络类似于电话网，电话网通过各电话交换机连接起来，每个电话交换机又连接若干个电话机，即使在同一地区的两个电话用户之间通话也要通过电话交换机。在交换式网络中，需要设置网络交换机，与网络交换机相连的网络或计算机(也称为网络节点或节点)之间可以通过交换机通信。图 1.1 给出了共享介质的局域网和交换式局域网示意图。

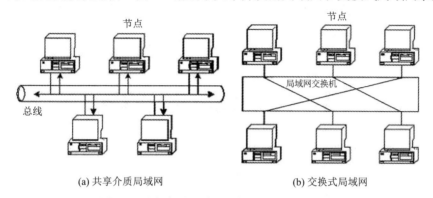

(a) 共享介质局域网　　　　　　　　　　　(b) 交换式局域网

图 1.1　共享介质局域网和交换式局域网示意图

局域网交换技术把网络节点按照需要交换到特定的网段，在网段上按需要配置可以控制数目的工作站。

局域网交换技术把共享介质分段，使每个局域网段上的节点工作站的数目减少到适当的程度，通过局域网的分段还可以对特定的网段隔离通信，从而使工作站的配置和管理更加方便灵活。

3. 按计算机在网络中的地位来分类

在计算机网络中，有一些计算机或设备为网络中的用户提供共享资源等服务，这些计算机就称为服务器，而接受服务或需要访问服务器上共享资源的计算机称为客户机。在计算机网络中，服务器与客户机的地位或作用是不同的，服务器处于核心地位，而客户机则处于从属地位。依据计算机网络中服务器与客户机的不同地位，可以将局域网分为基于服务器的网络、对等网络和混合型网络 3 类。

1) 基于服务器的网络

在计算机网络中，有几台计算机或设备只作为服务器为网络用户提供共享资源，而其他计算机仅作为客户机去访问服务器上的共享资源，这种网络就是基于服务器的网络。在这种网络中，服务器处于核心地位，它在很大程度上决定网络的功能和性能。根据服务器所提供的共享资源的不同，通常可以将服务器分为文件服务器、打印服务器、邮件服务器、Web 服务器和数据库服务器等。在基于服务器的网络中，服务器可以集中管理网络的共享资源和网络用户，因而这种网络具有较好的安全性。由于重要的共享资源主要集中在服务器上，而服务器一般是集中管理的，故这种网络易于管理和维护。同时，基于服务器的网络还易于实现对网络用户的分级管理。在实际的应用中，大多数局域网都是基于服务器的网络。

2) 对等网络

对等网络与基于服务器的网络不同，它没有专用的服务器，网络中的每台计算机都能作为服务器，同时又都可以作为客户机。每台计算机既可管理自身的资源和用户，同时又可作为网络客户机去访问其他计算机中的资源。

由于对等网络中每台计算机能独立管理自身资源，故很难实现资源的集中管理，因此数据的安全性也较差。

3) 混合型网络

混合型网络是基于服务器网络和对等网络相结合的产物。在混合型网络中，服务器负责管理网络用户及重要的网络资源，客户机一方面可以作为客户访问服务器的资源，另一方面又可以看成是一个对等网络中的计算机，相互之间可以共享数据资源。

1.3　计算机网络的组成与结构

1. 计算机网络的组成

计算机网络主要由计算机、网络操作系统、传输介质(可以是有形的，也可以是无形的，如无线传输介质)以及相应的应用软件四部分组成。

2. 计算机网络的结构

计算机网络的结构设计中引用了拓扑学中拓扑结构的概念，将通信子网中的通信控制处理器和其他通信设备抽象为与大小和形状无关的点，并将连接节点的通信线路抽象为线，而将这种点、线连接而成的几何图形称为网络的拓扑结构。网络的拓扑结构通常可以反映出网络中各实体之间的结构关系。

计算机网络的拓扑结构是指计算机网络硬件系统的连接形式。常见的计算机网络拓扑结构类型有总线拓扑、环形拓扑、星形拓扑、树状拓扑和网状拓扑等。

1) 总线拓扑

总线拓扑结构如图 1.2 所示。在总线拓扑结构中，使用总线作为传输介质，所有硬件系统(即网络节点)都通过接口串接在总线上。每个节点所发的信息都通过总线来传输，并被总线上的所有节点接收。但是，在同一个时刻，只能有一个节点向总线发出信息，不允许有两个或两个以上的节点同时使用总线，一个网段内的所有节点共享总线资源。可见，总线的带宽成为网络的瓶颈，网络的性能和效率随着网络负载的增加而急剧下降。

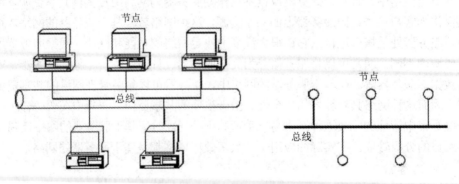

图 1.2　总线网络拓扑结构示意图

总线网络结构简单、易于安装且价格低廉，是最常用的局域网拓扑结构之一。总线网络的主要缺点有：如果总线断开，网络就不通；如果发生故障，则需要检测总线在各节点处的连接，不易管理；此外，由于总线上信号的衰减程度较大，总线的长度受限制，网络的覆盖范围会受到限制。

2) 环形拓扑

环形网络是将网络中的各节点用公共缆线连接，缆线的两端连接起来形成一个闭合的环路，信息在环中以固定的方向传输。环形网络拓扑结构如图 1.3 所示。

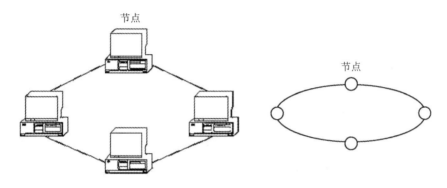

图 1.3　环形网络拓扑结构示意图

在环形网络中，一般是通过令牌来传输数据的。令牌依次通过环路上的每个节点，只有获得令牌的节点才能发送数据。当一节点获得令牌后，将数据信息加入令牌中，并继续向前发送。带有数据的令牌依次通过每个节点，直到令牌中的目的地址与某个节点的地址相同，该节点就接收数据信息，并返回一条信息，表示数据已被接收。本次信息回到发送站，经验证后，原发送节点就创建一个新令牌并将其发送到环路上。

环形网络中信息流的控制比较简单，由于信息在环路中单向流动，故路径控制非常简单，所有节点都有相同的访问能力，因此在重载时网络性能不会急剧下降，稳定性好。

环形网络的主要缺点是：环中任一节点发生故障都会导致网络瘫痪，因而网络的扩展和维护都不方便。

采用环形拓扑的网络有令牌环网、FDDI(光纤分布式数据接口)和 CDDI(铜线电缆分布式数据接口)网络。

3) 星形拓扑

星形网络结构是通过一中央节点(如集线器)连接其他节点而构成的网络。集线器是网络的中央设备，各计算机都需要通过集线器与其他计算机进行通信。在星形网络中，中央节点的负荷最重，是整个网络的瓶颈，一旦中央节点发生故障，则整个网络就会瘫痪，星形拓扑属于集中控制式网络。星形拓扑结构如图 1.4 所示。

星形拓扑结构便于管理，结构简单，扩展网络容易，增删节点不影响网络的其余部分，也更易于检测和隔离故障。

应注意物理布局与内部控制逻辑的区别。有的网络用集线器连接组成拓扑结构，在物理布局上是星形的，但在逻辑上仍是原来的内部控制结构。例如，原来是总线以太网，尽管使用了集线器形成星形布局，但在逻辑上网络控制结构仍是总线网络。

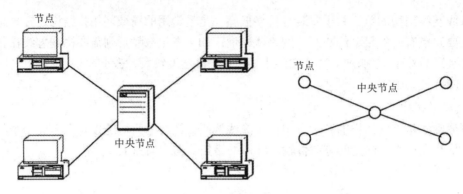

图 1.4　星形网络拓扑结构示意图

4) 树状拓扑

树状拓扑结构是从总线拓扑演变过来的，形状像一棵树，它有一个带分支的根，每个分支还可延伸出子分支，如图 1.5 所示。树状结构通常采用同轴电缆作为传输介质，且使用宽带传输技术。树状拓扑结构采用了层次化的结构，具有一个根节点和多层分支节点。树状拓扑中除了叶节点以外，根节点和所有分支节点都是转发节点，信息的交换主要在上下节点之间进行，相邻节点之间一般不进行数据交换或数据交换量很小。树状拓扑属于集中控制式网络，适用于分级管理及控制型网络。

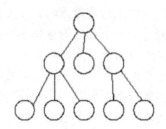

图 1.5　树状网络拓扑结构示意图

5) 网状拓扑

容错能力最强的网络拓扑是网状拓扑。网状拓扑网络上的每个节点与其他节点之间有 2 条以上的直接线路连接，节点之间的连接是任意的、无规律的，如图 1.6 所示。网状拓扑的优点是系统可靠性高，如果有一条链路发生故障，则网络的其他部分仍可正常运行。网状拓扑的缺点是结构复杂，建设费用高，布线困难。网状拓扑通常用于大型网络系统和公共通信骨干网。

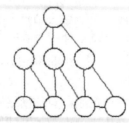

图 1.6　网状网络拓扑结构示意图

1.4   计算机网络的性能指标

计算机网络的性能指标主要有传输速率、带宽、吞吐量、时延、时延带宽积、往返时间、利用率等，不同的拓扑结构、传输介质等建成的网络在运行时性能差别是很明显的。

1. 传输速率

传输速率是指连接在计算机网络上的主机在数字信道上传送数据的速率，是计算机网络中最重要的一个性能指标，其单位为 bit/s，即 b/s。当数据率较高时，可使用 kb/s、Mb/s。传输速率往往是指额定速率或标称速率，并非网络上实际运行的速率。

2. 带宽

带宽通常有两种不同的含义：

(1) 带宽本来是指某个信号具有的频带宽度。信号的宽度是指该信号所包含的各种不同频率成分所占据的频率范围。例如，人耳能接受的信号带宽约为 20 kHz(20 Hz～20 kHz)，传统的通信线路上传送的电话信号的标准带宽是 3.1 kHz(300 Hz～3.4 kHz)。

(2) 计算机网络中，带宽用来表示网络的通信线路传输数据的能力，通常是指单位时间内从网络中某信道所能通过的最高数据率，其单位为 bit/s，即 b/s。

3. 吞吐量

吞吐量表示单位时间内通过某个网络(通信线路、接口)的实际的数据量。吞吐量受制于带宽或者网络的额定速率。

4. 时延

时延是指数据(报文/分组/比特流)从网络(或链路)的一端传送到另一端所需的时间，也叫延迟。时延由传输时延(发送时延)、传播时延、排队时延和处理时延四个部分组成。

5. 时延带宽积

图 1.7 所示为一个代表链路的圆柱形管道，管道的长度是链路的传播时延(这里以时间单位表示链路的长度)，而管道的截面积表示链路的带宽，那么时延带宽积就表示管道的体积，表示这样的链路可容纳多少个比特。

图 1.7   链路的圆形管道示意图

时延带宽积表示的是容量，可以理解为按带宽(理想最大传输速率)传输，从第一个比特进入管道开始到第一个比特即将出管道时管道中所有的比特。

6. 往返时间

往返时间(Round-Trip Time，RTT)是指从发送方发送数据开始，到发送方收到接收方的确认(接收方收到数据后立即发送确认)所经历的时延。

RTT 包括往返传播时延和末端处理时间。

7. 利用率

利用率有信道利用率和网络利用率两种。其中：

$$信道利用率 = \frac{有数据通过时间}{无数据通过时间 + 有数据通过时间}$$

网络利用率是指全网络的信道利用率加权平均值。

信道利用率并不是越高越好。可以类比于高速公路，当车流量很大时，由于某些地方会出现堵塞，因此行驶相同的距离所需的时间就会变长。网络也类似，当网络的通信量很少时，网络产生的时延并不大，但是在网络通信量不断增大的情况下，在网络节点(路由器或交换机)进行处理时需要排队等待，因此引起的时延就会增大。利用率不是越高越好，时延会随着利用率的增加而增加。

1.5 项目实训

实训 1.5.1　认识计算机机房的网络

✦ 实训目的

(1) 从感性上认识计算机网络的硬件和软件组成；
(2) 掌握计算机网络的拓扑结构；
(3) 会用 Microsoft Office Visio 画网络拓扑图。

✦ 实训环境

(1) 计算机实训室；
(2) 装有 Microsoft Office Visio 软件的计算机 1 台。

✦ 实训内容及步骤

(1) 认识机房网络的硬件设备；
(2) 查看机房中计算机到交换机的连接；
(3) 查看交换机与交换机之间的连接；
(4) 分析网络所用拓扑结构；
(5) 画出机房网络的拓扑结构。

实训 1.5.2　认识校园网络

✦ 实训目的

(1) 掌握大型网络的拓扑结构；

(2) 会用 Microsoft Office Visio 画网络拓扑图。

✦ 实训环境

(1) 校园网;

(2) 装有 Microsoft Office Visio 软件的计算机。

✦ 实训内容及步骤

(1) 参观学校网络中心;

(2) 查看记录网络中心的路由器、交换机、防火墙等设备;

(3) 查看记录核心交换机、汇聚交换机与接入交换机之间的连接;

(4) 分析网络所用拓扑结构;

(5) 画出校园网网络的拓扑结构。

小　　结

计算机网络的主要目的是实现资源共享。按照地理分布范围,计算机网络可以分为局域网、城域网和广域网;按照传输介质的利用方式,计算机网络可分为共享介质的网络和交换式网络;按照计算机在网络中的地位,计算机网络可分为基于服务器的网络、对等网络和混合型网络;按拓扑结构,计算机网络可分为总线型、星型、环型、树型和网状型网络。

习　　题

1. 填空题

(1) _____是利用通信设备和线路,将分布在不同地理位置上的、功能独立的计算机系统连接起来,以功能完善的网络软件来实现网络中资源共享信息传送的复合系统。

(2) 计算机网络的拓扑结构有_____拓扑、总线拓扑、_____拓扑、_____拓扑和树状拓扑 5 类。

(3) 局域网是计算机系统通过传输介质连接而成的,根据网络中计算机系统地位的异同,可将局域网分为两种类型的网络,即_____的网络和_____网络。

(4) 计算机是通过传输介质来传输控制和信息的,对传输介质的两种不同的利用方法形成了两种类型的网络,即_____网络和_____网络。

2. 选择题

(1) 第二代计算机网络的主要特点是(　　)。

A. 计算机—计算机网络　　　　　B. 以单机为中心的联机系统

C. 国际网络体系结构标准化　　　D. 各计算机制造厂商网络结构标准化

(2) 局部地区通信网络简称局域网，英文缩写为(   )。

A. WAN   B. LAN   C. SAN   D. MAN

(3) 端点之间的通信是依靠(   )之间的通信来完成的。

A. 通信子网中的节点   B. 资源子网中的节点

C. 通信子网中的端点   D. 资源子网中的端点

(4) 计算机网络建立的主要目的是实现计算机资源的共享。计算机资源主要指计算机(   )。

A. 软件与数据库   B. 服务器、工作站与软件

C. 硬件、软件与数据   D. 通信子网与资源子网

(5) 计算机网络的目的是共享资源，它通过(   )将多台计算机互联起来。

A. 数据通信线路   B. 服务器

C. 终端   D. 以上都不对

(6) 下列不属于网络技术发展趋势的是(   )。

A. 速度越来越高

B. 从资源共享网到面向中断的网发展

C. 各种通信控制规程逐渐符合国际标准

D. 从单一的数据通信网向综合业务数字通信网发展

3. 简答题

(1) 判断下列哪些系统是计算机网络，并说明它是属于局域网还是属于广域网。

① 在一个计算机房内，50 台计算机和打印机等设备连接在一起，相互共享文件和打印机。

② 在计算机房里有一台功能强大的小型机连接了 10 台终端和打印机，用户可以使用终端和打印机。

③ 在一个家庭的房间内，有两台计算机互联共享其中一台的打印机和调制解调器。

④ 一个经常外出的推销员用随身携带的笔记本电脑通过普通电话网向公司总部的主机传送文件。

(2) 常见网络的拓扑结构有哪些？各有什么特点？

(3) 为什么要建立计算机网络，它有哪些基本功能？试举例说明资源共享的功能。

(4) 按计算机网络的覆盖范围可以将网络分为哪几种？它们的基本特征各是什么？

项目 2

组建小型局域网

 项目引入

　　小明认识了计算机机房网络和校园网，他发现对网络中所用设备功能、网络中所用传输介质有哪些区别还不清楚。于是，为了进一步了解网络组建知识，他打算从组建小型局域网开始新的学习。

学习目标

- 了解网络协议的概念；
- 理解 OSI 参考模型；
- 理解 TCP/IP 网络模型；
- 掌握 IP 地址基础知识。

2.1　网络协议的概念

　　网络中从电信号的传输到人们都能够理解的信息是一个非常复杂的过程。为了解决网络通信问题，把网络的功能划分成有明确定义的层次，并规定同层之间的通信规则及相邻层之间的接口服务，这就形成了网络体系结构。要理解网络的通信过程，首先要了解网络协议和网络层次结构的分层设计原理。

1. 网络协议的定义

　　计算机网络由多个互联的节点组成，节点之间需要不断地交换数据与控制信息。要想做到有条不紊地交换数据，网络中的每一个节点都必须遵守一些事先约定好的规则。这些规则明确地规定了所交换数据的格式和时序。通常情况下，人们将为网络数据交换而定制的规则、约定与标准称为网络协议。网络协议主要由语法、语义和时序 3 个要素组成，下面分别进行介绍。

　　(1) 语法：用户数据与控制信息的结构与格式，它是规定将若干协议元素和数据组合在一起表示一个更完整的内容所应遵循的格式，也可以说它是对数据结构形式的一种规定。

　　(2) 语义：对构成的协议元素含义的解释，即需要发出何种控制信息，以及完成的动作与作出的响应。

(3) 时序：对事件实现顺序的详细说明，即通信双方动作的时间、速度匹配和事件发生的顺序。

2. 网络层次结构

采用层次结构模型来描述网络协议可将复杂的网络协议简单化，能够更好地定制并实现网络协议。分层定义网络协议，能够实现在每一层定义一个或多个协议，以完成相应的通信功能。

层次结构模型的概念比较抽象，这里以日常生活中大家经常使用的邮政特快专递为例(如图 2.1 所示)，帮助读者理解关于层次结构模型的相关概念。

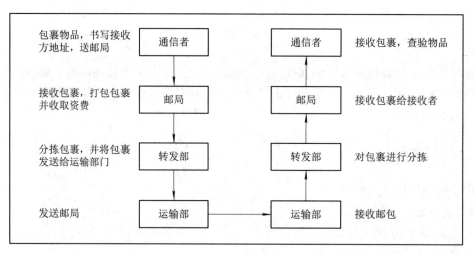

图 2.1　邮政特快专递

(1) 分层。分层是将整个网络通信系统按逻辑功能分解到若干层次中，每一层均规定了本层要实现的功能。这种"结构化分层"的设计方法，要求各层次相对独立、界限分明，以便网络的硬件和软件分别去实现。

(2) 服务。在层次结构中，下层向上层提供服务，上层使用下层的服务，同时又为更高一层提供服务。虽然在层次结构中的每一层的功能各不相同，但各层功能之间是相互关联的。

(3) 接口。网络分层结构中，相邻层之间都会有一个接口，它定义了低层向高层提供的原始操作和服务。接口是相邻层次之间用来交换信息的，为了使两层之间保持其功能的独立性，通常情况下通过接口的信息量很少。

(4) 对等实体。在分层结构中，如果每一层次中包括两个实体，则称为对等实体。

(5) 通信协议。网络中各层对等实体之间进行通信都需要有一套双方都遵守的通信规则——通信协议。这些通信规则包括通信的同步、数据编码和差错处理等方式。

2.2　OSI 参考模型

在网络发展的早期，网络技术的发展变化速度非常快，计算机网络变得越来越复杂，新的协议和应用不断产生，而网络设备大部分都是按厂商自己的标准生产的，不能兼容，相互间很难进行通信。为了解决网络之间的兼容性问题，实现网络设备间的相互通信，许多公司纷纷推出了各自的网络体系结构。这些体系结构没有统一的标准，因此还是无法解决网络兼容问题。

随着网络技术迅速发展，不同网络兼容问题已成为迫切需要解决的问题。因此，国际标准化组织(ISO)对所存在的各种计算机网络体系结构进行了深入的研究。1977 年，ISO 的 TC97 技术委员会充分认识到制定网络体系结构国际标准的重要性，于是成立了一个分委员会 SC16 专门研究开放系统互连(Open Systems Interconnection，OSI)。ISO 于 1984 年提出了 OSI/RM(Open System Interconnection Reference Model，开放系统互连参考模型)。所谓"开放"，是指只要遵循 OSI 标准，一个系统就可以和位于世界上任何地方的遵循这一标准的任何系统进行通信。

OSI/RM 只给出了原则的说明，该模型将整个网络的功能划分为 7 层，在实体之间进行通信时，双方必须遵循这 7 层的规定，但它不是一个真实的、具体的网络。

在 OSI 标准的制定过程中，所采用的方法是将整个庞大而复杂的问题划分为若干个较易处理、范围较小的问题，这就是前面分层体系结构的方法在 OSI 中的运用，问题的处理采用了自上而下逐步求精的方法：先从最高一级的抽象开始，这一级的约束极少，然后逐渐更加精细地进行描述，并加上更多的约束。

在 OSI 中，采用了 3 级抽象，分别是体系结构、服务定义和协议规范。

1. OSI 参考模型的结构

OSI 参考模型是一种 7 层网络通信模型，它采用的是分层结构，如图 2.2 所示。

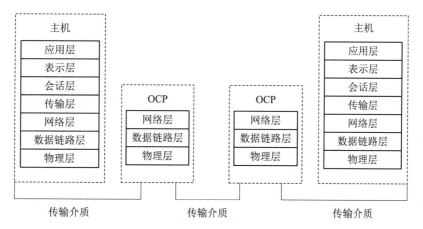

OCP：Open Core Protocol，开放核心协议

图 2.2　OSI 参考模型以及两个通信实体之间的分层结构

ISO 将网络划分 7 层结构的基本原则如下：

(1) 网中各节点都具有相同的层次。

(2) 不同节点的同等层具有相同的功能。

(3) 同一节点内相邻层之间通过接口通信。

(4) 每层可以使用下层提供的服务，并向其上层提供服务。

(5) 不同节点的同等层通过协议来实现对等层之间的通信。

2. OSI 各层的主要功能

1) 物理层

物理层是 OSI 参考模型的最底层，即第 1 层。

物理层包括设备之间物理连接的接口和用户设备和网络端设备之间的数据传输规则。我们知道，要传输信息就要利用一些物理介质，如双绞线、同轴电缆等。但具体的物理介质并不一定要在 OSI 的 7 层之内，也有人将物理介质当作第 0 层，因此物理介质的位置就位于物理层的下面。

2) 数据链路层

数据链路层是 OSI 参考模型的第 2 层。数据链路层负责在两个相邻节点间的线路上无差错地传输以帧为单位的数据。

数据链路层在物理层提供的比特流服务的基础上，建立相邻节点之间的数据链路，传送按一定格式组织起来的位组合，即数据帧。每一帧包括一定数量的数据和一些必要的控制信息。和物理层类似，数据链路层要负责建立、维持和释放数据链路的连接。在传送数据时，若接收节点检测到所传送的数据有差错，就要通知发送方重发这一帧，直到这一帧准确无误地到达接收方为止。在每一数据帧所包括的控制信息中，有同步信息、地址信息、差错控制信息和流量控制信息等。

3) 网络层

网络层是 OSI 参考模型中的第 3 层，它是 OSI 参考模型中最复杂的一层，也是通信子网的最高层。它在其下两层的基础上向资源子网提供服务。

4) 传输层

传输层是 OSI 参考模型的第 4 层。一般来说，OSI 参考模型的低 4 层(即第 1~4 层)的主要任务是实现数据通信，高 3 层(即第 5~7 层)的主要任务是实现信息处理，而传输层位于中间，该层是通信子网和资源子网的接口和桥梁，起着承上启下的作用。通常将 OSI 低 4 层称为低层，其对应的协议称为低层协议，而将传输层以上的 3 层称为高层，其对应的协议称为高层协议。

5) 会话层

会话层是 OSI 参考模型的第 5 层，也可称为会晤层或对话层。在会话层及以上更高的层次中，数据传输的单位一般均称为报文。

会话层是用户应用程序与网络之间的接口。会话层的主要任务是负责两个会话实体之间的会话连接，确保点一点的传输不会被中断，并且进行会话管理和数据交换管理，即组织和协调两个会话进程之间的通信，并对数据交换进行管理。

6) 表示层

表示层是 OSI 参考模型的第 6 层，它对来自应用层的命令和数据进行解释，对各种语法赋予相应的含义，并按照一定的格式传送给会话层。

7) 应用层

应用层是 OSI 参考模型的最高层，它是计算机网络用户以及各种应用程序和网络之间的接口。应用层的功能是直接向应用进程提供服务接口，完成应用进程在网络上要求的各种工作。

在 OSI 的 7 个层次中，应用层是最复杂的，所包含的应用层协议也最多，有些协议还在研究之中。应用层在其他 6 层工作的基础上，负责完成网络中应用程序与网络操作系统之间的联系，建立与结束使用者之间的联系，并完成网络用户提出的各种网络服务及应用所需的监督、管理和服务等各种协议。此外，应用层还负责协调各个应用程序之间的工作。

应用层为用户提供的常见服务和协议有文件服务、目录服务、文件传输服务、电子邮件服务、打印服务、网络管理服务、远程登录服务和数据库服务等。上述每种服务均需一种具体的应用层协议来完成。

可以把上述 7 层的主要功能归纳如下：

(1) 应用层——与用户应用进程的接口，即相当于：做什么？

(2) 表示层——数据格式的转换，即相当于：对方看起来像什么？

(3) 会话层——会话的管理与数据传输的同步，即相当于：轮到谁讲话和从何处讲？

(4) 传输层——从端到端经网络透明地传输报文，即相当于：对方在何处？

(5) 网络层——分组传输、路由选择和流量控制，即相当于：走哪条路可以到达该处？

(6) 数据链路层——在链路上无差错地传送数据帧，即相当于：每一步该怎么走？

(7) 物理层——将比特流送到物理介质上传送，即相当于：对于上一层的每一步应怎样利用物理介质？

2.3 TCP/IP 网络模型

实际上，要想完全实现 OSI 参考模型所需的协议十分庞大和复杂，因此，完全遵循 OSI 7 层参考模型的协议几乎不存在，OSI 参考模型仅为人们考察其他协议各部分间的工作方式提供了评估基础和框架。

20 世纪 70 年代，出现了 TCP/IP(Transmission Control Protocol/Internet Protocol，传输控制协议/网际协议)参考模型，这个模型在 20 世纪 80 年代被确定为因特网(Internet)的通信协议。

2.3.1 TCP/IP 参考模型的基本概念

TCP/IP 是一组通信协议的代名词，是由一系列协议组成的协议族。它本身指的是两个协议集：TCP——传输控制协议，IP——网际协议。在 TCP/IP 协议开始研究时，并没有提出参考模型的概念。TCP/IP 最早是由美国国防高级研究计划局在其 ARPAnet 上实现的。1974 年 Kahn 定义了最早的 TCP/IP 参考模型，20 世纪 80 年代 Leiner、Clark 等人对 TCP/IP 参考模型做了进一步的研究。 到目前为止，TCP/IP 协议一共出现了 6 个版本，后 3 个版本是版本 V4、V5 与 V6。目前我们使用的主要是版本 V4，一般被称为 IPv4。IPv6 被称为下一代的 IP 协议，现在我国已开始推广和使用 IPv6。

由于 TCP/IP 一开始用于连接异种机环境，再加上工业界很多公司都支持它，特别是在 UNIX 环境中，TCP/IP 已成为其实现的一部分，UNIX 的广泛使用促进了 TCP/IP 的应用及普及。随着 Internet 的迅速发展，TCP/IP 协议逐渐成为事实上的网络互联的工业标准。

TCP/IP 协议的特点如下：

(1) 开放的协议标准。

(2) 独立于特定的计算机硬件与操作系统。

(3) 独立于特定的网络硬件，可以运行于局域网和广域网，更适用于互联网。

(4) 统一的网络地址分配方案，使得整个 TCP/IP 设备在网络中都具有唯一的地址。

(5) 标准化的高层协议，可以提供多种可靠的用户服务。

2.3.2　TCP/IP 参考模型与层次

TCP/IP 参考模型是将多个网络进行无差别连接的体系结构，其参考模型如图 2.3 所示。

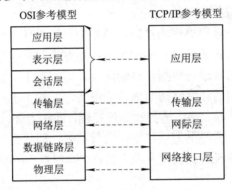

图 2.3　OSI 与 TCP/IP 的参考模型的关系图

1. TCP/IP 参考模型的 4 层

TCP/IP 参考模型由网络接口层、网际层、传输层和应用层 4 层组成，它与 OSI 7 层参考模型的关系如图 2.3 所示。

2. TCP/IP 参考模型各层的服务和功能

1) 网络接口层

TCP/IP 参考模型对网际层以下未作定义，只是指出主机必须通过某种协议连接到网络，才能发送 IP 分组。该层协议未定义，随不同主机、不同网络而不同，因此称为网络接口层。

2) 网际层

网际层是网络互联的基础，它提供了无连接的分组交换服务。网际层是对大多数分组交换网所提供的服务的抽象。其任务是允许主机将分组发送到网络上，使每个分组能够独立地到达目的站点。由于提供的是无连接服务，分组到达目的站点的顺序有可能与发送站的发送顺序不一致，所以，必须由高层协议负责对接收到的分组进行排序。与 OSI 参考模型的网络层功能类似，分组的路径选择也是网际层的主要工作。

3) 传输层

在 TCP/IP 参考模型中，网际层之上的一层是传输层。与 OSI 参考模型中的传输层类似，在 TCP 层中，允许源主机与目的主机之间的对等实体进行会话。传输层定义了两个端一端协议，对应了两种不同的传输控制机制。

(1) 传输控制协议 TCP。TCP 规定把输入的比特流分解为离散的报文传送给 IP 层。在目的端，TCP 接收进程重新把接收到的报文组装成比特流。TCP 是一种可靠的面向连接的协议，它可保证信息从某一机器准确地传送到另一机器上。为了保障数据的准确传输，会对从应用层传送到 TCP 实体的数据进行监管，并提供了重发机制。在 TCP 层中，也需进行流量控制，便于发送方与接收方保持同步。

(2) 用户数据报协议(User Data Protocol，UDP)。UDP 提供无连接服务，无重发和纠错功能，不能保证数据的可靠传输。UDP 适用于对可靠性要求不高的应用程序，或者可以保障可靠性的应用程序。UDP 在客户/服务器类型的请求响应查询模式中得到了广泛的应用，在诸如语音、视频应用等领域中也有广泛应用。

4) 应用层

TCP/IP 参考模型中没有会话层和表示层。在 OSI 模型的实践中可以知道，大部分应用程序不涉及这两层，因此在 TCP/IP 参考模型中没有考虑会话层和表示层，在传输层之上就是应用层。应用层包含了所有的高层协议。

应用层向用户提供调用和访问网络中各种应用程序的接口，并向用户提供各种标准的应用程序及相应的协议。用户还可以根据需要建立自己的应用程序。

2.4　IP 地址基础知识

Internet 上使用的一个关键的低层协议是网际协议，通常称为 IP 协议。IP 协议是为计算机网络互相进行通信而设计的协议，其功能主要有两个：寻址和分段。IP 协议根据发送的数据包的目的地地址将数据包发送到目的地址。

2.4.1　IPv4 地址

IP 地址是按照 IP 协议规定的格式，为每一个正式接入 Internet 的主机所分配的、供全世界标识的唯一通信地址。目前全球广泛应用的 IP 协议是 4.0 版本，记为 IPv4，因而 IP 地址又称为 IPv4 地址。

1. IP 地址结构

目前，在 Internet 中使用的 IP 地址采用 IPv4 结构，如图 2.4 所示。它的层次是按照逻辑网络结构划分的。一个 IP 地址划分为网络地址和主机地址两个部分。网络地址标识着一个逻辑网络，而主机地址则标识该网络中的一台主机。

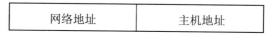

图 2.4　IP 地址的结构

Internet 网络信息中心(NIC)统一分配 IP 地址，它负责分配最高级的 IP 地址，并授权下一级网络中心，使其在各自管辖的计算机网络系统中可以再次分配 IP 地址。

2. IP 地址分类

IPv4 结构的 IP 地址长度为 4 字节(32 位)。IP 地址的 32 位通常写成 4 个十进制的整数，每个整数对应一个字节，这种表示方法被称为"点分十进制表示法"。

根据网络地址和主机地址的不同划分，将 IP 地址划分为 A、B、C、D、E 5 类，如图 2.5 所示。A、B、C 是基本类，D、E 类作为多重广播和保留使用。

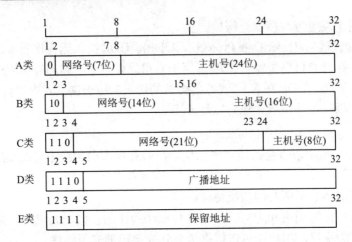

图 2.5 IP 地址编址方案

(1) A 类 IP 地址：用前面 8 位来标识网络地址，其中规定最前面一位为 0；用后面的 24 位标识主机地址，即 A 类地址的第一段取值(即网络号)可以是 00000001～01111111 之间任意一个数字，转换为十进制即为 1～127。主机号没有做硬性规定，所以它的 IP 地址范围为 1.0.0.0～126.255.255.255(0 段和 127 段不使用)。每个 A 类网络最多可以连接 16 777 214 台计算机，这类地址数是最少的，但所允许连接的计算机是最多的。A 类地址适用于少数规模很大的网络。

(2) B 类 IP 地址：用前面 16 位来标识网络地址，其中最前面两位规定为 10；用后面的 16 位标识主机号，也就是说 B 类地址的第一段取值为 10000000～10111111，转换成十进制即为 128～191，第一段和第二段合在一起表示网络地址，它的地址范围为 128.0.0.0～191.255.255.255。B 类地址适用于中等规模的网络。

(3) C 类 IP 地址：用前面 24 位来标识网络地址，其中最前面三位规定为 110；用后面的 8 位标识主机号。这样 C 类地址的第一段取值为 11000000～11011111，转换成十进制即为 192～223。第一段、第二段、第三段合在一起表示网络号，最后一段标识网络上的主机号，它的地址范围为 192.0.0.0～223.255.255.255。C 类地址适用于小公司和研究机构等小规模的网络。

(4) D 类 IP 地址：D 类地址为组播地址，主机收到以 D 类地址为目的地址的报文后，如果该主机是该组播组成员，就会接收并处理该报文。D 类地址的最高位为 1110，第一段取值为 11100000～11101111，转换成十进制即为 224～239，用剩余的位设计客户机参加的特定组，它的地址范围为 224.0.0.0～239.255.255.255。

(5) E 类 IP 地址：这是一个通常不用的实验性地址，保留作为以后使用。E 类地址第一字节的高四位固定为 1111，第一段 8 位体为 11110000～11110111，转换成十进制即为 240～247。它的地址范围为 240.0.0.0～247.255.255.255。

在 IP 地址中，保留和存在着许多有着特殊用途的 IP 地址，下面将进行简单的介绍。

(1) 网络地址：当一个 IP 地址的主机地址部分为 0 时，它表示一个网络地址。

(2) 专用地址：有一些是专门用于一个机构进行内部通信的 IP 地址，称为专用地址或本地地址。这些地址的用途非常特殊，因此不能在 Internet 中进行相互通信。

(3) 广播地址：当一个 IP 地址的主机地址部分为 1 时，它表示一个广播地址。

2.4.2　子网

一个网络可能会有多个物理网段，通常把这些网段称为子网。子网把原有 IP 地址的主机地址空间再次划分为子网和主机两部分，这样 IP 地址结构则由网络地址、子网地址和主机地址三部分组成。图 2.6 显示了一个 B 类地址的子网地址表示方法。此例中，B 类地址的主机地址共 16 位，取主机地址的高 7 位作子网地址，低 9 位作每个子网的主机号。

图 2.6　B 类地址子网划分

1) 子网掩码

子网掩码有 32 个二进制位，对应 IP 地址的网络部分用 1 表示，对应 IP 地址的主机部分用 0 表示。确定网络需要的子网数量及每个子网的主机数，这是定义子网前必须做的工作。然后再据此来确定需要从 IP 地址空间中截取多少个数据位作为子网地址。

2) 子网划分

在划分子网前，要先分析网络的需求和网络规划。一般情况下应该遵循以下准则：

(1) 确定网络中的物理段数量，这样才能够更加合理地划分子网。

(2) 根据需求定义整个网络的子网掩码、每个子网唯一的子网号和每个子网的主机号范围，让用户在使用时更加方便。

2.4.3　IPv6 地址

IPv4 地址总量约为 43 亿，随着网络的迅猛发展，全球数字化和信息化步伐的加快，目前 70%的地址资源已经被使用。然而 IP 地址的需求仍在增长，越来越多的设备、电器、各种机构等加入争夺地址的行列中，由此 IPv6 的出现为经济增长带来了直接贡献。

1. IPv6 的特点

IPv6 由 Internet 工程任务组(IETF)的 IPng 工作组于 1994 年 9 月首次提出，于 1995 年正式公布，研究修订后于 1999 年确定开始部署。IPv6 主要有以下特点：

(1) 新的报头格式。IPv6 报头采用一种新的格式，旨在最小化报头开销，即将不重要的字段和可选字段移动到 IPv6 报头之后的扩展报头(IPv6 负载)。IPv6 简化了报头，减少了路由表长度，同时减少了路由器处理报头的时间，降低了报文通过 Internet 的延迟。

(2) 地址长度。IPv6 地址为 128 位(16 字节)，代替了 IPv4 的 32 位(4 字节)，地址空间大于 3.4E + 38。即使整个地球表面(包括陆地和水面)都覆盖着计算机，IPv6 允许每平方米拥有 71 023 个 IP 地址。可见，IPv6 地址空间是巨大的。

(3) 自动配置。IPv6 区别于 IPv4 的一个重要特性就是它支持无状态和有状态两种地址自动配置的方式。这种自动配置是对动态主机配置协议(Dynamic Host Configuration Protocol，DHCP)的改进和扩展，使得网络(尤其是 LAN)的管理更加方便和快捷，并为用户带来极大方便。无状态地址自动配置方式下，需要配置地址的节点使用一种邻居发现机制获得一个局部连接地址。一旦得到这个地址，它就会使用另一种即插即用的机制，在没有任何人工干预的情况下，获得一个全球唯一的路由地址。有状态地址配置机制下，地址可控、可管理。在网络中存在一个 IP 地址管理者，它能够识别客户端，根据不同的客户端分配相应的地址，客户端与服务端之间需要维护 IP 地址的租期及续约。目前实现这种效果的协议就是 DHCPv6 协议，IP 地址管理者就是 DHCPv6 服务器。因为需要增加一个额外的服务器，所以需要很多额外的操作和维护。

(4) 可扩展的协议。IPv6 并不像 IPv4 那样规定了所有可能的协议特征，增强了选项和扩展功能，使其具有更高的灵活性和更强的功能。

(5) 为服务质量(Quality of Service，QoS)控制提供了良好的网络平台。IPv6 对服务质量作了定义，IPv6 报文可以标记数据所属的流类型，以便路由器或交换机进行相应的处理。

(6) 内置的安全特性。IPv6 提供了比 IPv4 更好的安全性保证。IPv6 协议内置标准化安全机制，支持对企业网的无缝远程访问，如公司虚拟专用网络的连接。即使终端用户用"时时在线"接入企业网，这种安全机制也可行，而这在 IPv4 技术中无法实现。对于从事移动性工作的人员来说，IPv6 满足了庞大的移动网络设备对网络 IP 地址的数量需求和功能需求。

2. IPv6 地址空间分配

IPv6 最明显的特征是具有了更大的地址空间。IPv6 地址分配与 IPv4 地址分配相似，将根据地址中高位比特的值来划分 IPv6 地址空间。高位比特和它们的固定值称为格式前缀(Format Prefix，FP)。其中格式前缀指地址的高 n 位部分，$3 \leqslant n \leqslant 10$，$n$ 为整数并可变，格式前缀标识了地址所属类型，解决了现有 IPv4 地址资源匮乏的问题。

3. IPv6 地址表示法

对于 128 位的 IPv6 地址，如果沿用 IPv4 的点分十进制法则要用 16 个十进制数才能表示出来，读写起来非常麻烦，因而 IPv6 采用了一种新的方式——冒分十六进制表示法。将地址中每 16 位分为一组，写成 4 位十六进制数，两组间用冒号分隔。例如，105.220.136.100.255.255.255.255.0.0.18.128.140.10.255.255(点分十进制表示)可转为 69DC:8864:FFFF:FFFF:0000:1280:8C0A:FFFF(冒分十六进制表示)。

IPv6 的地址表示有以下几种特殊情形：

(1) IPv6 地址中每个 16 位分组中的前导零位可以去除，做简化表示，但每个分组必须至少保留一位数字。例如，地址 21DA:00D3:0000:2F3B:02AA:00FF:FE28:9C5A 去除前导零位后可写成 21DA:D3:0:2F3B:2AA:FF:FE28:9C5A。

(2) 某些地址中可能包含很长的零序列，可以用一种简化的表示方法——零压缩(Zero Compression)进行表示，即将冒号十六进制格式中相邻的连续零位合并，用双冒号"::"表示。"::"符号在一个地址中只能出现一次，该符号也能用来压缩地址中前部和尾部的相邻连续零位。例如，地址 FF0C:0:0:0:0:0:0:B1，0:0:0:0:0:0:0:1，0:0:0:0:0:0:0:0 分别可表示为压缩格式 FF0C::B1，::1，::。

(3) 在 IPv4 和 IPv6 混合环境中，有时更适合于采用另一种表示形式 x:x:x:x:x:x:d.d.d.d，其中 x 是地址中 6 个高阶 16 位分组的十六进制值，d 是地址中 4 个低阶 8 位分组的十进制值(标准 IPv4 表示)。例如，地址 0:0:0:0:0:0:13.1.68.3，0:0:0:0:0:FFFF:129.144.52.38 写成压缩形式为 :: 13.1.68.3，::FFFF:129.144.52.38。

2.5　网络中的传输介质

传输介质是两个传输终端之间的物理路径，这个介质可以分为导向性传输介质和非导向性传输介质。利用导向性传输介质，电磁波按照固定的路线前进，如双绞线、光纤等。而大气和外层空间则是典型的非导向性介质，电磁波是按照广播的方式传播的，常称为"无线传播"。

1. 双绞线

双绞线是最廉价而且使用前景广泛的导向性传输介质。它由互相绝缘的铜导线用规则的方法扭绞起来而制成。通常把许多这样的双绞线捆在一起组成一根电缆。对称均匀的扭绞可以使线间及周围的电磁干扰最小。

双绞线可以传送数字信号，也能传输模拟信号，其通信距离一般为几千米到十几千米。对于模拟信号传输，当传输距离太长时要加放大器，以便将衰减了的信号放大到合适的数值。对于数字信号传输则要加中继器，以将失真了的数字信号进行整形。导线越粗，其通信距离就越远，但造价也越高。双绞线在传输距离、带宽和传输数据率上都有很大的局限性，但是由于廉价，它在短距离的通信中被广泛应用。双绞线在距离 1 km 时能达到几兆比特每秒(Mb/s)的速率，在几十米时能达到 100 Mb/s 或者更高。

双绞线可分为屏蔽双绞线和非屏蔽双绞线。屏蔽双绞线是在一对双绞线外面有金属筒缠绕，有的还在几对双绞线的外层用铜编织网包上，用作屏蔽，最外层再包上一层具有保护性的聚乙烯塑料。与非屏蔽双绞线相比，独立屏蔽双绞线的误码率明显降低，但价格较贵。非屏蔽双绞线除少了屏蔽层外，其余均与屏蔽双绞线相同，但抗干扰能力较差，误码率相对较高，但因其价格便宜而且安装方便，故被广泛用于电话系统和局域网中。表 2-1 所示为非屏蔽双绞线种类及使用范围。

表 2-1　非屏蔽双绞线种类及使用范围

级　别	带宽/(Mb/s)	使 用 范 围
3 类	16	10 Mb/s 的 10 Base-T 以太网数据传输
4 类	20	16 Mb/s 的基于令牌的局域网传输
5 类	100	100 Mb/s 的 10 Base-T 和 10 Base-T 快速以太网
超 5 类	155	千兆以太网的传输
6 类	200	千兆以太网的传输

2. 同轴电缆

同轴电缆由内导体铜质芯线、绝缘层、网状编织的外导体屏蔽层以及塑料保护外层所组成，如图 2.7 所示。这种结构中，金属屏蔽层可防止中心导体向外辐射电磁场，也可用来防止外界电磁场干扰中心导体的信号，因而具有很好的抗干扰特性，被广泛用于较高速率的数据传输。它的特性比双绞线好得多，它的主要限制是衰减、热噪声和互调噪声的干扰。同轴电缆主要应用于有线电视、长途电话、计算机系统之间的短距离连接和局域网。

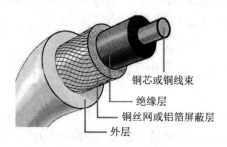

铜芯或铜线束
绝缘层
铜丝网或铝箔屏蔽层
外层

图 2.7   同轴电缆

3. 光纤电缆

光纤即为光导纤维的简称，是一种传输光束的细微而柔韧的媒介，是网络传输介质中性能最好、应用广泛的一种。光纤电缆由一束纤维组成(如图 2.8 所示)，和同轴电缆相似，只是没有网状屏蔽层。其中心是传播光的玻璃内芯；玻璃内芯外面包围着一层折射率比内芯低的玻璃保护套，以使光纤保持在芯内；再外面是一层薄的塑料外套，用来保护封套。

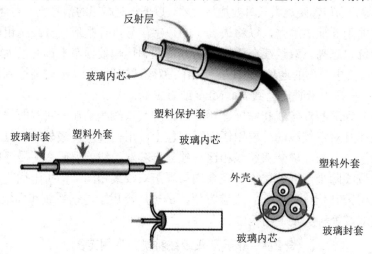

反射层
玻璃内芯
塑料保护套
玻璃封套   塑料外套   玻璃内芯
外壳   塑料外套
玻璃内芯   玻璃封套

图 2.8   光纤电缆示意图

光纤通信是以光波为载体，以光导纤维为传输媒介的一种通信方式，其所能传输的数字信号或模拟信号都是电信号。而光纤则只能用光脉冲形成的数字信号进行通信，有光脉冲相当于 1，没有光脉冲相当于 0。

按照传输模式可以将光纤划分为单模光纤和多模光纤两类。光纤中传输模式就是光纤中存在的电磁场场形，或者说是光场场形。各种场形都是光波导中经过多次反射和干涉的结果。各种模式是不连续的、离散的。由于驻波才能在光纤中稳定存在，反映在光纤横截面上就是各种形状的光场，即各种光斑。若是一个光斑，则称之为单模光纤；若为两个以上光斑，则称之为多模光纤。

1) 单模光纤

单模光纤只传输主模，也就是说光线只沿光纤的内芯进行传输。因其只传输一个模式，无模间色散，总色散小，带宽宽，故适用于大容量、长距离的光纤通信。单模光纤使用的光波长为 1310 nm 或 1550 nm。

2) 多模光纤

在一定的工作波长(850 nm/1300 nm)下，若有多个模式在光纤中传输，则这种光纤被称为多模光纤。由于色散或像差，这种光纤的传输性能较差，频带较窄，传输容量也比较小，距离比较短。

4. 无线介质

无线介质与有线介质相比，最大的好处在于不需要铺设传输线路，且允许数字终端设备在一定范围内移动。对于高山、岛屿或偏远地区，有线介质铺设非常困难，这时，无线介质就成了有效延伸。除此之外，无线介质的使用也为大量的便携式终端设备入网提供了方便。无线介质通过空气载体传播，常用的无线介质有无线电波、激光、红外线和微波。

1) 无线电波

大气中的电离层是具有离子和自由电子的导电层。无线电波通信就是利用地面的无线电波通过电离层的反射或电离层与地面的多次反射而到达接收端的一种远距离通信方式。由于大气层中的电离层高度在距地面数十千米至百余千米以上，它可分为 D、E、F1、F2 四层，并随季节、昼夜以及太阳活动情况而发生变化。无线电波还受到来自水、自然物体和电子设备等各种电磁波的干扰，因而无线电波通信与其他通信方式相比，通信质量不太稳定。

无线电波被广泛用于室内通信和室外通信。由于无线电波很容易产生，传播距离很远，很容易穿过建筑物，而且可以全方向传播，使得无线电波的发射和接收装置不必要求精确对准。

无线电波通信通常使用的频率为 30 MHz～1 GHz，它的传播特性与频率有关。在低频段，无线电波能轻易地绕过一般障碍物，但其能量随着传播距离的增大而急剧衰减；在高频段，无线电波趋于直线传播并易受障碍物的阻挡。

2) 激光

激光通信是将激光束调制成光脉冲用以传输数据。激光通信只能传输数字信号，不能传输模拟信号。激光通信必须配置一对激光收发器，而且要安装在视线范围内。激光的频率比微波高，可以获得较高的带宽。激光具有高度的方向性，因而难于窃听、插入数据和被干扰，但同样易受环境的影响，而且传输距离不会很远。激光通信的另一个不足之处在于激光硬件会发出少量射线污染环境，所以只有通过特许后才能安装。

3) 红外线

红外线通信是采用红外线来传输信号，在发送端设有红外线发送器，接收端有红外线接收器。红外线的频率范围为 300～200 000 GHz。发送器和接收器可以任意安装在室内和室外，但它们之间必须在可视范围内，而且在它们之间不允许有障碍物。

使用红外线进行通信具有以下优点：

(1) 收发信机体积小，重量轻，价格低。

(2) 红外线的范围比较灵活，不像电磁波那样，能够使用的频率和输出功率等要受各个国家和地区输出功率的限制，并且需要批准。

(3) 红外线不像电磁波那样能够越过墙壁进行传输，其传输距离只能在视线范围之内，因此比较安全，容易管理。

由于红外线沿直线前进的能力强，几乎没有绕射，碰到墙壁时就反射，因此，红外线通信具有以下缺点：

(1) 不稳定。如果在收发信机之间存在障碍物，一般就不能进行通信。另外，红外线通信还比较容易受太阳光、荧光灯等噪声源的影响，因此需要能够更加有效地进行差错重发等，以保障高可靠性的通信。

(2) 半双工通信。由于反射的影响，接收红外线的点和波长都是由器件所决定的，不能像电磁波那样采用不同的频率进行收发，实现全双工。

4) 微波

微波是一种具有极高频率(通常为 300 MHz～300 GHz)，波长很短，通常为 1 mm～1 m 的电磁波。在微波频段，由于频率很高，电波的绕射能力弱，所以信号的传输主要是利用微波在视线距离内的直线传播，又称视距传播。虽然这种传播方式与短波相比具有传播较稳定、受外界干扰小等优点，但在电波的传播过程中，却难免受到地形、地物及气候状况的影响而引起反射、折射、散射和吸收现象，产生传播衰落和传播失真。

微波扩频通信技术的特点是利用伪随机码序列对输入信息进行扩展频谱编码处理，然后在某个载频进行调制以便传输，属于中程宽带通信方式。微波扩频通信技术来源于军事领域，开发目的主要是对抗电子战干扰。

微波是计算机网络中最早使用的无线信道，Internet 的前身 ARPAnet 中用于连接美国本土和夏威夷的信道即是微波信道，也是目前应用最多的无线信道。所用微波的频率范围为 1～20 GHz，既可传输模拟信号又可传输数字信号。微波通信是把微波信号作为载波信号，用被传输的模拟信号或数字信号来调制，故微波通信是模拟传输。由于微波的频率很高，故可同时传输大量信息。又由于微波能穿透电离层而不反射到地面，故只能使微波沿地球表面由源向目标直接发射。微波在空间是直线传播的，而地球表面是个曲面，因此其传播距离受到限制，一般只有 50 km 左右。但若采用 100 m 高的天线塔，则距离可增大到 100 km。此外，因微波被地表吸收而使其传输损耗很大，所以为实现远距离传输，每隔几十千米便需要建立中继站。中继站把前一站送来的信号经过放大后再发送到下一站，故称为微波接力通信。大多数长途电话业务使用 4～6 GHz 的频率范围。目前各国使用的微波设备信道容量多为 960 路、1200 路、1800 路和 2700 路。我国多为 960 路，1 路的带宽通常为 4 kHz。

微波通信常用的有地面微波通信和卫星通信两种。

(1) 地面微波通信。地面微波通信如图 2.9 所示。它的优点是频带宽、信道容量大、初建费用小，既可传输模拟信号，又可传输数字信号；其缺点是方向性强(必须直线传播)、保密性差。

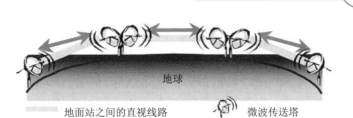

图 2.9　地面微波通信

　　(2) 卫星通信。卫星通信可以分为空间部分和地面部分，在两部分之间是传输信道。空间部分是卫星，而地面部分就是我们的电台。一般把卫星上的电台称为空间站，地面的电台称为地面站。卫星通信系统包含了卫星通信使用的频率和电波形式以及通信方式，还包括与此相适应的通信设备和卫星以及其使用方法。对我们来说，由于卫星的功能、性能和运行轨道决定了大部分的系统要点，所以地面站主要考虑与卫星相关的发送、接收设备，天线以及附属设备。

　　卫星通信的优点是：通信距离远，在电波覆盖范围内，任何一处都可以通信，且通信费用与通信距离无关；受陆地灾害影响小，可靠性高；易于实现广播通信和多址通信。卫星通信的缺点是：通信费用高，延时较大，10 GHz 以上衰减较大，易受太阳噪声的干扰。为了增加微波的传输距离，应提高微波收发器或中继站的高度。当将微波中继站放在人造卫星上时，便形成了通信卫星系统，也即利用位于 36 000 km 高的人造同步地球卫星作为中继器的一种微波通信。卫星上的中继站接收从地面发来的信号后，加以放大整形再发回地面。一个同步卫星可以覆盖地球三分之一以上的地表，这样利用 3 个相距 120° 的同步卫星便可覆盖全球的全部通信区域。通过卫星地面站可以实现地球上任意两点间的通信。卫星通信属于广播式通信，通信距离远，且通信费用与通信距离无关。这是卫星通信的最大特点。

2.6　常用网络设备

　　网络互联是通过网络互联设备来实现的。网络互联设备既可以是专门的设备，也可以利用各子网原有的节点。网络互联设备内部不仅可以执行各子网的协议，成为子网的一部分，更主要的是实现不同子网协议之间的转换，保证执行两种不同协议的网络之间可以进行互联通信。这种协议转换包括协议数据格式的转换、地址映射、速率匹配、网间流量控制等。常用的网络设备有网卡、调制解调器、集线器、交换机和路由器等。

2.6.1　网卡

　　目前，绝大多数接入网络的计算机都需要使用网卡，由此可见其重要性非同一般。网卡质量的好坏，直接影响到计算机网络传输的稳定性和传输速率。

　　网卡又称为网络卡或者网络接口卡，其英文全称为 Network Interface Card,简称为 NIC。网络有许多种不同的类型，如以太网、令牌环和无线网络等，不同的网络必须采用与之相适应的网卡。现在使用最多的仍然是以太网，因此，在这里只讨论以太网网卡。

网卡作为重要的网络设备之一，其用途主要包括两个方面：

(1) 接收网络中传送过来的数据包，对数据包进行解析后，传输给 CPU 进行处理。

(2) 发送本地计算机上的数据包到网络中。

网卡还可按其传输速率(即其支持的带宽)分为 10 Mb/s 网卡、100 Mb/s 网卡、10/100 Mb/s 自适应网卡以及千兆网卡等。目前通常使用的是 10/100 Mb/s 自适应网卡。

网卡根据工作对象的不同，还可以分为服务器专用网卡、PC 网卡、笔记本电脑专用网卡和无线局域网网卡。

(1) 服务器专用网卡。服务器专用网卡是为了适应网络服务器的工作特点而设计的。为了尽可能降低服务器 CPU 的负荷，一般都自带控制芯片，这类网卡售价较高，一般只安装在一些专用的服务器上。

(2) PC 网卡。在市场上常见的通常都是适合于 PC 使用的 PC 网卡，俗称"兼容网卡"，此类网卡价格低廉、工作稳定，现已被广泛应用。

(3) 笔记本电脑专用网卡。笔记本电脑专用网卡即 PCMCIA 网卡，其大小与扑克牌差不多，只是厚度稍微厚一些。PCMCIA 是笔记本电脑使用的总线，PCMCIA 插槽是笔记本电脑用于扩展功能使用的扩展槽。PCMCIA 总线分为两类，一类为 16 位的 PCMCIA，另一类为 32 位的 CardBus。

(4) 无线局域网网卡。无线局域网网卡是新推出的针对无线用户的网卡，它遵循 IEEE802.11a、802.11b、802.11g 三个标准，最高传输速率高达 54 Mb/s。目前很多办公场所都提倡使用无线局域网，无线局域网网卡的使用前景值得期待。在无线局域网中，还需要使用无线局域网交换机等设备。

2.6.2 调制解调器

调制解调器是"调制器—解调制器"的简称，通常称其为"猫"，是其英文"Modem"的谐音。调制解调器通常安装在计算机和电话系统之间，使一台计算机能够通过电话线与另一台计算机进行信息交换。

1. 调制解调器的功能与用途

调制解调器是一个将数字信号与模拟信号进行互相转换的网络设备。调制解调器的一端连接计算机，另一端连接电话线接入电话网(PSTN)并通过 Internet 服务提供商(ISP)接入 Internet。

调制解调器是在发送端通过调制将数字信号转换为模拟信号，而在接收端通过解调再将模拟信号转换为数字信号的一种装置。电子信号分为两种，一种是模拟信号，一种是数字信号。我们使用的电话线路传输的是模拟信号，而 PC 之间传输的是数字信号。所以当用户想通过电话线把自己的计算机连入 Internet 时，就必须使用调制解调器来"翻译"两种不同的信号。

2. 调制解调器的种类

调制解调器按照结构进行分类，通常分为内置式和外置式两种，即内置式 Modem 和外置式 Modem。

内置式 Modem 又称作 Modem 卡，是一块类似于网卡、显卡的 PC 扩展卡，可以直接安装在计算机的 PCI(Pedpherd Component Interconnect，周边元件扩展接口)扩展槽中。因为没有外壳，没有电源，所以内置式 Modem 的制造成本较低，价格也较便宜。除了有应用于台式机 PCI 接口的 Modem 卡外，还有专用于笔记本电脑 PCMCIA 接口的 Modem 卡。内置式 Modem 的优点是不占用桌面空间，不易损坏和丢失，价格相对便宜。

外置式 Modem 就是安装在一个盒子里的 Modem 卡，盒上有开关、指示灯、电源接口、串行数据接口等，需要外接电源。由于上述因素，外置式 Modem 成本要高一些，价格也就比内置式 Modem 要贵。

2.6.3　集线器

集线器的英文为"Hub"，是"中心"的意思。集线器的主要功能是对接收到的信号进行再生整形放大，以扩大网络的传输距离，同时把所有节点集中在以它为中心的节点上。它工作于 OSI/RM 参考模型的物理层，因此又被称为物理层连接设备。

集线器也像网卡一样是伴随着网络的产生而产生的，它的使用早于交换机，更早于路由器，所以它属于一种传统的基础网络设备。

1. 按端口数量来分

按照集线器的端口数量来分，目前主流集线器主要有 8 口、16 口和 24 口等几种，但也有少数品牌提供非标准端口数，如 4 口、12 口。

2. 按带宽来分

按照集线器所支持的带宽不同，通常可分为 10 Mb/s、100 Mb/s、10/100 Mb/s 三种。

3. 按配置的形式来分

按集线器的配置来分，通常分为独立型集线器、模块化集线器和堆叠式集线器三种。

(1) 独立型集线器是带有许多端口的单个盒子式的产品。独立型集线器之间多用一段 10 Base-5 同轴电缆连接，以实现扩展级联，主要应用于总线型网络中。独立型集线器具有价格低、查找故障容易、网络管理方便等优点，在小型局域网中被广泛使用。

(2) 模块化集线器带有多个卡槽，这些卡槽都固定在一个机架上，在每个槽中可以放置一块通信卡。通信卡相当于一个独立型集线器，多块卡通过安装在机架上的通信底板进行互连并进行相互间的通信。

(3) 堆叠式集线器与模块化集线器的原理差不多，它可以将多个集线器进行堆叠。一般情况下，当多个集线器堆叠时，需要一个可管理集线器，利用它可对此堆叠式集线器中的其他独立型集线器进行管理。堆叠式集线器的最大好处在于能够方便地实现对网络的扩充。

4. 按照是否可进行网络管理来分

按照集线器是否可被网络管理来分类，集线器可分为非网管型集线器和网管型集线器两种。

(1) 非网管型集线器：也被称为"傻瓜集线器"，是指无须配置，也不能进行网络管理和监测的集线器，只要插上电，连上网线就可以正常工作。该类集线器属于低端产品，通常只被用于小型网络。这类产品比较常见，虽然安装和使用比较方便，但功能较弱，不能满足特定的网络需求。

(2) 网管型集线器：也被称为"智能集线器"，可通过简单网络管理协议(Simple Network Management Protocol，SNMP)对集线器进行简单管理，这种管理大多是通过增加网管模块来实现的。网管型集线器的最大用途是进行网络分段，以缩小广播域，减少冲突，提高数据传输效率。

网管集线器都提供一个 Console 端口，管理员可以通过 Console 端口来配置设备。不同品牌或者型号的网管集线器所提供的 Console 端口类型也不同。

2.6.4 交换机

交换机(Switch)是指拥有一定的通信端口，并且每个端口都有一定的带宽，可以连接不同网段的设备，其内部端口通信是同时的、并行的网络连接设备。交换机的各个端口之间的通信是同时的、并行的这一特性，决定了交换机的信息吞吐容量远远高于传统的共享型的集线器设备。

1. 交换机的功能

交换机的主要功能包括物理编址、网络拓扑结构、错误校验、帧序列以及流量控制。

交换机的所有端口都共享同一指定的带宽，交换机数据传输效率高，不会浪费网络资源，只是对目的地址发送数据，一般来说不易产生网络堵塞；而且交换机为每台(潜在的)设备都提供了独立的信道，数据传输安全。

交换机和集线器在 OSI 开放体系模型中对应的层次也不一样，集线器是同时工作在第一层(物理层)和第二层(数据链路层)，而交换机至少是工作在第二层，更高级的交换机可以工作在第三层(网络层)和第四层(传输层)。

交换机的数据传输是有目的的，数据只对目的节点发送，只是在自己的 MAC 地址(Media Access Control Address，媒体访问控制地址，也称为局域网地址、以太网地址或物理地址)表中找不到的情况下第一次使用广播方式发送，因为交换机具有 MAC 地址学习功能，第二次以后又是有目的地发送。

2. 交换机的分类

从网络覆盖范围可将交换机分为以下两类：

(1) 广域网交换机。广域网交换机主要是用于电信网之间的互联、互联网接入等领域的广域网中，是提供通信的基础平台，一般很少见。

(2) 局域网交换机。局域网交换机应用于局域网络，用于连接终端设备，如服务器、工作站、集线器、路由器等网络设备，并提供高速独立通信通道。局域网交换机是用户经常见到的。

根据传输介质和传输速度，交换机可分为以太网交换机、快速以太网交换机、千兆以太网交换机、ATM 交换机、FDDI(Fiber Distributed Data Interface，光纤分布式数据接口)交换机和令牌环交换机等。

(1) 以太网交换机。以太网交换机是指带宽在 100 Mb/s 以下的以太网所用的交换机。以太网交换机是最普遍的，它的档次比较齐全，应用领域也非常广泛。因为目前采用双绞线作为传输介质的以太网十分普遍，所以在以太网交换机中通常配置 RJ-45 接口，与此同时为了兼顾同轴电缆介质的网络连接，又适当添加 BNC(Bayonet Nut Connector，刺刀螺母连

接器用于同轴电缆连接)或 AUI(Attachment Unit Interface，用于与粗同轴电缆连接)接口。

(2) 快速以太网交换机。这种交换机适用于 100 Mb/s 快速以太网。快速以太网交换机通常所采用的介质也是双绞线，有的也会留有 SC 光纤接口兼顾与其他光传输介质的网络互联。

(3) 千兆以太网交换机。千兆以太网交换机用于千兆以太网中，也有人把这种网络称为"吉比特(GB)以太网"，那是因为它的带宽可以达到 1000 Mb/s。千兆以太网交换机一般用于一个大型网络的骨干网段，所采用的传输介质有光纤和双绞线两种，对应的接口为 SC 和 RJ-45 两种。

(4) ATM 交换机。ATM 交换机是用于 ATM 网络的交换机产品。由于 ATM 网络是只用于电信、邮政网的主干网段，因此在市场上很少能看到其交换机产品。ATM 交换机的传输介质一般采用光纤，接口类型同样有以太网接口和光纤接口两种，这两种接口适合与不同类型的网络互联。由于 ATM 交换机的价格高，因此很少在局域网中使用。

(5) FDDI 交换机。顾名思义，FDDI 交换机使用在 FDDI 网络中。FDDI 交换机用于中、小型企业老式的快速数据交换网络中，它的接口形式为光纤接口。

(6) 令牌环交换机。令牌环交换机是使用在令牌环网中的交换机。由于令牌环网逐渐失去了市场，相应的纯令牌环交换机产品也非常少见。但是在一些交换机中仍留有一些 BNC 或 AUI 接口，以方便令牌环网进行连接。

交换机根据工作协议层可划分为第二层交换机、第三层交换机和第四层交换机；根据是否支持网管功能可划分为网管型交换机和非网管型交换机；根据交换机端口结构可划分为固定端口交换机和模块化交换机；根据是否支持网管功能可划分为网管型交换机和非网管型交换机。

2.6.5 路由器

路由器的主要工作就是为经过路由器的每个数据帧寻找一条最佳传输路径，并将该数据有效地传送到目的站点。由此可见，选择最佳路径的策略即路由算法是路由器的关键所在。

路由器的功能非常强大，绝大多数的路由器都可以完成连接不同的网络、解析第 3 层信息、连接从 A 点到 B 点的最优数据传输路径，在主路径中断后还可以通过其他可用路径重新路由等工作。为了完成这些基本任务，路由器应能够同时支持本地和远程连接，方便用户的使用。

1. 路由器的功能

路由器能够过滤网络中的广播信息，从而避免发生网络拥塞，优化网络环境。通过在路由器中设定隔离和安全参数，禁止某种数据传输到网络，增加网络的安全性。在使用路由器时，用户利用网络接口卡等冗余设备提供较高的检错能力。路由器能够监视数据传输，并向管理信息库报告统计数据；此外，路由器能够诊断内部或其他连接问题并触发报警信号。

2. 路由器的分类

常见的路由器分类标准有以下几种：

1) 从路由器功能上划分

从路由器功能上划分，可将路由器分为骨干级路由器、企业级路由器和接入级路由器。

(1) 骨干级路由器数据吞吐量较大。对骨干级路由器的基本性能要求是高速度和高可靠性。

(2) 企业级路由器连接许多终端系统，虽然连接对象较多，但系统相对简单，且数据流量较小。对这类路由器的要求是以尽量方便的方法实现尽可能多的端点互连，同时还要求能够支持不同的服务质量。

(3) 接入级路由器主要应用于连接家庭或 ISP 内的小型企业客户群体。

2) 按路由器所处网络位置划分

按路由器所处网络位置通常把路由器分为边界路由器和中间节点路由器。

(1) 边界路由器处于网络边缘，用于不同网络路由器的连接。由于要同时接收来自许多不同网络路由器发来的数据，因此要求这类路由器有足够的带宽。

(2) 中间节点路由器处于网络的中间，通常用于连接不同网络，起到数据转发的桥梁作用。中间节点路由器的 MAC 地址记忆功能很强大，这是因为它要面对各种各样的网络。

3) 从路由器性能上划分

从路由器性能上可划分为线速路由器和非线速路由器。

(1) 线速路由器完全可以按传输介质带宽进行通畅传输，几乎没有间断和延时。线速路由器的端口带宽大，数据转发能力强，能以介质允许的速率转发数据包。

(2) 非线速路由器通常是指中低端路由器，而一些宽带接入路由器也有线速转发能力。

2.7 项 目 实 训

实训 2.7.1　非屏蔽双绞线的制作与测试

✦ 实训目的

(1) 熟悉 A 线序(T568A)和 B 线序(T568B)的标准排线顺序；
(2) 掌握非屏蔽双绞线的直通线和交叉线制作方法；
(3) 了解局域网中双绞线连接的方法；
(4) 用电缆测试仪测试所做的网线是否合格，并标识合格品。

✦ 实训环境

(1) 网络实训室；
(2) RJ-45 水晶头、双绞线、网线钳、测线仪。

✦ 实训内容及步骤

(1) 交叉网线的制作步骤如下：
① 剪一条长 1 m 的 5 类双绞线，在网线的一端剥去 2 cm 长的护皮。

② 紧紧地拿好护皮已经被剥去的 4 对绞好的网线，重新以 T568B 编线标准将网线编组。小心保持从左到右绞好的状态(橙色组、绿色组、蓝色组、棕色组)。

③ 把保护层和网线拿在一只手里，将蓝色和绿色的组拆开一小段，以 T568B 编线方式重新将它们排好理顺。拆开并按编色原则排列其余组的线；将线弄平、弄直、弄好，然后用斜口钳或压线钳将裸露出的双绞线剪下，只剩约 14 mm 的长度，使线头部整齐。确定不要松开护皮和线，因为它们都已经排好了顺序；按 T568B 网线的颜色排列方向将一个 RJ-45 水晶头安在线的一端(注意方向不能反)，尖头放在下边，橙色组(白色—橙色、橙色)应该在水晶头的第一只脚和第二只脚。

④ 用力将 8 根网线并排塞进水晶头内，直到能够通过水晶头的尾部底端看到线头铜的一端。确定护皮的尾部在水晶头里面并且所有的线都是按顺序排好的。如果这些都做好了，则用双绞线压线钳挤压水晶头直到锁扣松开，使接触端铜片穿过线的绝缘部分，从而完成水晶头的制作。

⑤ 重复步骤①~④来做好网线的另一端，用 T568A 编线方案完成这条交叉网线的制作；用电缆测试仪测试已经做好的网线，然后检查主模块与另一模块的 8 个指示灯是否按 1—3、2—6、3—1、4—4、5—5、6—2、7—7、8—8 的顺序轮流发光，来判断所做的网线是否合格。

(2) 直通网线的制作步骤：直通网线的制作步骤同交叉网线的制作步骤一样，网线的两端均按 T568B 编线标准进行。用电缆测试仪测试已经做好的网线，然后检查主模块与另一模块的 8 个指示灯是否按 1—1、2—2、3—3、4—4、5—5、6—6、7—7、8—8 的顺序轮流发光，来判断所做的网线是否合格。

实训 2.7.2　小型局域网的组建

✦ 实训目的

(1) 掌握非屏蔽双绞线的制作；
(2) 掌握局域网 IP 地址的规划；
(3) 掌握局域网中计算机网络地址的配置；
(4) 掌握局域网联通测试方法。

✦ 实训环境

(1) 网络实训室；
(2) 交换机、水晶头、双绞线、网线钳、测线仪。

✦ 实训内容及步骤

(1) 认识交换机、网卡；
(2) 根据需要制作双绞线并连接到设备；
(3) 理解交换机路由器的基本概念和功能；

(4) 规划设计各计算机的 IP 地址、子网掩码和默认网关；

(5) 在 CMD(Windows 系统的命令行程序)中验证网络是否连通。

实训 2.7.3　ping 命令和 ipconfig 命令的使用

✦ 实训目的

(1) 通过 ping 命令检测网络故障；

(2) 掌握 ipconfig 命令的使用方法；

(3) 掌握局域网联通测试方法。

✦ 实训环境

计算机实训室。

✦ 实训内容及步骤

1. ping 命令的使用

1) ping 127.0.0.1

如果测试成功，表明网卡、TCP/IP 协议的安装，IP 地址及子网掩码的设置正常。如果测试不成功，就表示 TCP/IP 的安装或设置存在问题。

2) ping 本机 IP

这个命令被送到用户计算机所配置的 IP 地址，用户的计算机始终都应该对该 ping 命令作出应答，如果没有，则表示本地配置或安装存在问题。出现此问题时，局域网用户应断开网络电缆，然后重新发送该命令。如果网线断开后本命令正确，则表示另一台计算机可能配置了相同的 IP 地址。

3) ping 局域网内其他 IP

这个命令执行时，会离开用户的计算机，经过网卡及网络电缆到达其他计算机，再返回消息。收到回送应答表明本地网络中的网卡和载体运行正确。但如果收到 0 个回送应答，那么表示子网掩码不正确、网卡配置错误或电缆系统有问题。

4) ping 网关 IP

这个命令如果应答正确，表示局域网中的网关路由器正在运行并能够作出应答。

5) ping 远程 IP

如果收到 4 个应答，表示成功地使用了缺省网关。对于拨号上网用户，则表示能够成功地访问 Internet。

6) ping localhost

localhost 是一个操作系统的网络保留名，它是 127.0.0.1 的别名，每台计算机都应该能够将该名字转换成该地址。如果没有做到这一条，则表示主机文件(/Windows/host)中存在问题。

7) ping 某远程主机的域名

对某个域名执行 ping 命令，通常是通过 DNS 服务器(Domain Name Server，域名服务器)。如果这里出现故障，则表示 DNS 服务器的 IP 地址配置不正确或 DNS 服务器有故障。

2. ipconfig 命令的使用

ipconfig 命令显示所有当前的 TCP/IP 网络配置值。该命令在运行 DHCP 系统上有特殊用途，它可以让用户了解其计算机是否成功租用到一个 IP 地址，如果租用到则可以了解它分配到的地址。了解计算机当前的 IP 地址、子网掩码和缺省网关，实际上是进行测试和故障分析的必要项目。

1) 不带参数

当使用 ipconfig 命令时不带任何参数选项，它将为每个已经配置了的接口显示 IP 地址、子网掩码和缺省网关值。

操作要求：使用 ipconfig 命令查看自己计算机的 IP 地址、子网掩码和缺省网关的情况。

2) /all 参数

当使用 all 选项时，ipconfig 命令能为 DNS 和 WINS(Windows Internet Name Service，Windows 因特网命名服务)服务器显示它已配置且所要使用的附加信息(如 IP 地址等)，并且显示内置于本地网卡中的 MAC 地址。如果 IP 地址是从 DHCP 服务器租用的，则 ipconfig 命令将显示 DHCP 服务器的 IP 地址和租用地址预计失效的日期。

操作要求：使用该命令参数，查看计算机 IP 配置情况的完整信息。

3) /release 和/renew

这是两个附加选项，只能在向 DHCP 服务器租用其 IP 地址的计算机上起作用。如果输入 ipconfig/release，那么所有接口的租用 IP 地址便重新交付给 DHCP 服务器(归还 IP 地址)。如果输入 ipconfig/renew，那么本地计算机便设法与 DHCP 服务器取得联系，并租用一个 IP 地址。注意，大多数情况下网卡将被重新赋予和以前所赋予的相同的 IP 地址。

操作要求：先使用 ipconfig/release 命令将自己的计算机的 IP 释放，归还给 DHCP 服务器；然后使用 ipconfig 命令查看本机 IP 地址；接着使用 ipconfig/renew 重新获取 IP 地址；最后使用 ipconfig 命令查看本机 IP 地址。

小　　结

本项目主要介绍了网络协议的概念，网络分层的目的，OSI、TCP/IP 参考模型，IP 地址划分的相关知识、常用网络介质特点以及常见网络设备的功能。

习　　题

1. 填空题

(1) 局域网可采用多种通信介质，如_____、_____或_____等。

(2) 10BASE－T 标准规定的网络拓扑结构是_____，网络速率是_____，网络所采用的网络介质是_____，信号是_____。

(3) 在 IEEE802 局域网体系结构中，数据链路层被细化成_____和_____两层。

(4) 广播式通信信道中，介质访问方法有多种。IEEE802 规定中包括了局域网中最常用的三种，分别是_____、_____、_____。

(5) 网络互联时，中继器是工作在 OSI 参考模型的_____层。

(6) 使用路由器组网的特点是网络互联、_____和流量控制。

2. 选择题

(1) 局域网中，媒体访问控制功能属于(　　)。

A. MAC 子层　　　B. LLC 子层　　　C. 物理层　　　D. 高层

(2) 在 OSI 参考模型中，网桥实现互联的层次为(　　)。

A. 物理层　　　　　　　　B. 数据链路层

C. 网络层　　　　　　　　D. 传输层

(3) 4 个集线器采用叠推技术互连，则任意两个端口之间的延迟为(　　)。

A. 1 个集线器的延迟　　　　　B. 2 个集线器的延迟

C. 3 个集线器的延迟　　　　　D. 4 个集线器的延迟

(4) 在采用光纤作媒体的千兆位以太网中，配置一个中继器后网络跨距将(　　)。

A. 扩大　　　　　B. 缩小　　　　　C. 不变　　　　　D. 为零

(5) 路由选择协议位于(　　)。

A. 物理层　　　　　　　　B. 数据链路层

C. 网络层　　　　　　　　D. 应用层

(6) 全双工以太网传输技术的特点是(　　)。

A. 能同时发送和接收帧，不受 CSMA/CD 限制

B. 能同时发送和接收帧，受 CSMA/CD 限制

C. 不能同时发送和接收帧，不受 CSMA/CD 限制

D. 不能同时发送和接收帧，受 CSMA/CD 限制

3. 简答题

(1) 简述 OSI 体系结构。

(2) 简述 TCP/IP 体系结构。

项目 3

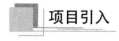

大型企业网组建

项目引入

小明在学习了小型网络组建后，计划进一步学习虚拟局域网技术、子网掩码划分子网、静态路由、动态路由等知识，从而为组建更为复杂的大型网络打下基础。

学习目标

- 掌握 Cisco Packet Tracer 的使用；
- 理解静态路由技术；
- 理解动态路由技术；
- 掌握 VLAN 的基本配置。

3.1 Cisco Packet Tracer 的使用

Cisco Packet Tracer(思科模拟器)是由 Cisco 公司发布的一个辅助学习工具，为学习思科网络课程的初学者去设计、配置、排除网络故障提供了网络模拟环境。用户可以在软件的图形用户界面上直接使用拖拽的方法建立网络拓扑，并可提供数据包在网络中行进的详细处理过程，观察网络实时运行情况。可以学习 IOS(Interconnected Operation System，互联网操作系统)的配置，锻炼故障排查能力。

1. Cisco Packet Tracer 的安装

Cisco Packet Tracer 的安装步骤如下：

(1) 下载 Cisco Packet Tracer 软件包，下载完成后得到 zip 格式的压缩包，鼠标右键单击压缩包选择解压到当前文件夹，得到 32 位和 64 位的安装文件，用户根据自己的计算机操作系统选择后双击运行进入软件安装界面，单击"Next"按钮继续安装，如图 3.1 所示。

图 3.1　软件安装界面

(2) 进入思科模拟器使用协议界面，单击界面左下角的"I accept the agreement"(我接受)选项，再单击"Next"按钮进入下一步，如图 3.2 所示。

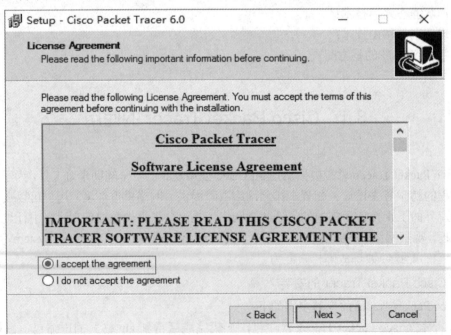

图 3.2　协议许可界面

(3) 进入思科模拟器软件安装位置选择界面，单击"Next"按钮，软件会默认安装到系统 C 盘中。或者单击"Browse…"(浏览)按钮，选择合适的安装位置后，再单击"Next"

按钮进入下一步，如图 3.3 所示。

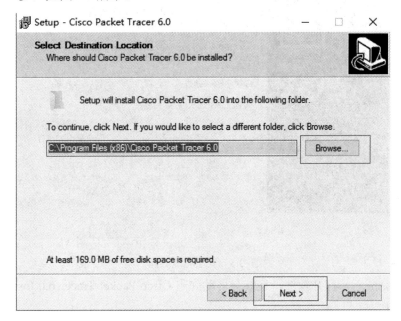

图 3.3 安装位置选择界面

(4) 进入思科模拟器软件准备安装界面，单击界面下方的"Install"(安装)按钮，就可以开始安装了，如图 3.4 所示。

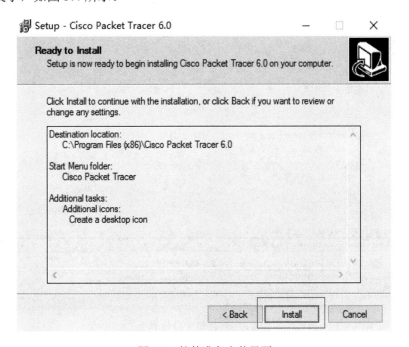

图 3.4 软件准备安装界面

(5) 思科模拟器软件安装完成后，单击界面下方的"Finish"(结束)按钮关闭安装界面，如图 3.5 所示。

图 3.5　安装完成界面

(6) 安装完成后，打开软件，系统会自动弹出 Cisco Packet Tracer 6.0 Instructor 软件界面，如图 3.6 所示。

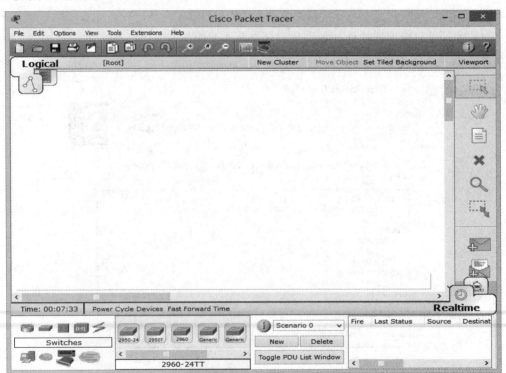

图 3.6　软件英文操作界面

(7) Cisco Packet Tracer 6.0 Instructor 软件默认是英文操作界面，为了更好地掌握和学习该软件，可以对 Cisco Packet Tracer 6.0 Instructor 软件进行汉化。在汉化前最好先关闭已经开启的 Cisco Packet Tracer 6.0 Instructor 软件。

(8) 复制软件包中的 Chinese.ptl 文件到 Cisco Packet Tracer 6.0 Instructor 安装目录的"languages"文件夹中，如图 3.7 所示。

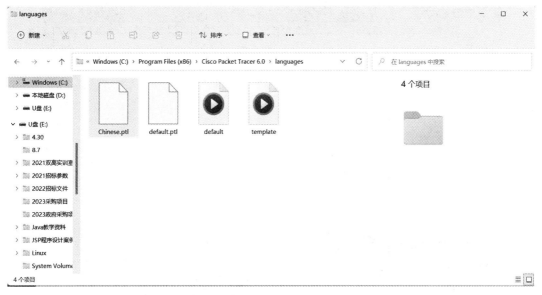

图 3.7　复制 Chinese.ptl 文件到"languages"文件夹

(9) 重新启动 Cisco Packet Tracer 6.0 Instructor 软件，单击菜单"Options"→"Preferences"命令，再单击"Interface"选项，在"Play Sound"前面的复选框中打钩，而实现汉化操作则在"Select Language"列表框中选中"Chinese.ptl"，然后单击"Change Language"按钮，如图 3.8 所示。

图 3.8　选择语言

(10) 再次运行软件，Cisco Packet Tracer 6.0 就是中文版了，如图 3.9 所示。

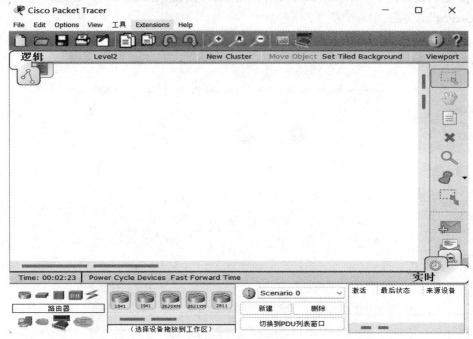

图 3.9　软件汉化界面

2. Cisco Packet Tracer 的使用

(1) 打开 Cisco Packet Tracer，可看到如图 3.10 所示的界面。

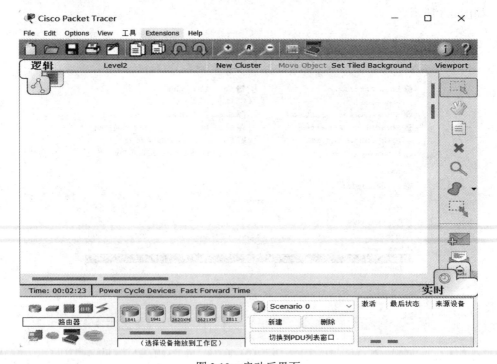

图 3.10　启动后界面

(2) 添加交换机。直接拖动交换机，如图 3.11 所示。

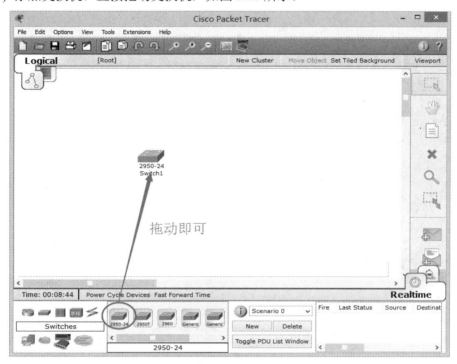

图 3.11　添加交换机

(3) 双击交换机，在弹出的窗口中选择"CLI"，然后按"Enter"键，即可看到"Switch>"，如图 3.12 所示。

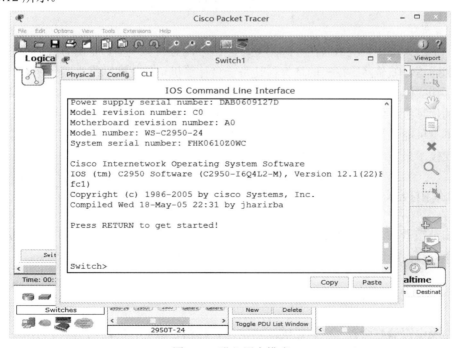

图 3.12　进入用户模式

以上已经进入用户模式，输入"?"即可查看该模式下的命令，如图 3.13 所示。

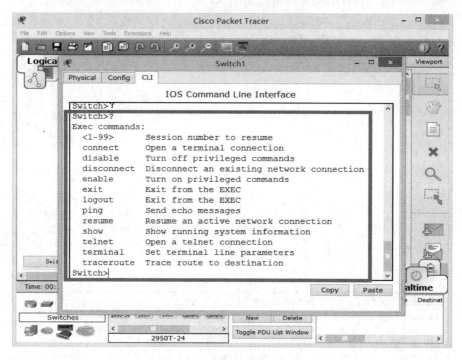

图 3.13　查看用户模式下的命令

3.2　认识路由技术

在一个由大型计算机组联在一起的互联网络中，必须有一些约定的方式供这些设备相互访问和通信。随着网络规模的增大，让每一台计算机记住互联网络上其他所有计算机的地址是不切实际的，因此必须有一些机制来减少每台计算机为实现与其他所有计算机通信而维护的信息量。已使用的机制是将一个互联网络分成许多独立，但互相连接的网络，这些网络本身可能又被分为许多子网。记住这些分立网络的任务可以交给路由器，由路由器通过路由技术来完成。

3.2.1　路由技术

路由是指 IP 数据包从源网络传输到目的网络，依据路由表选择最佳路径，实现网络传输的通信过程。路由技术工作在 OSI 参考模型的第三层——网络层。

3.2.2　路由表

路由表中存储着所有互联网络的路由信息。路由表上运行的路由协议，学习、生成的新路由信息，都会保存在路由表中。每台路由器中都保存一张路由表，指导 IP 数据包通过匹配成功的物理接口来转发。

路由表中的每一个路由项具有前缀、目的网络、下一跳、转发接口、管理距离和度量。

(1) 路由类型：路由表项的类型或者来源，通常用一个字母表示，其中"C"表示直连路由，"S"表示静态路由，"R"表示 RIP 路由，"O"表示 OSPF 路由。

(2) 目的网络：目的网络地址(Network Destination)和网络掩码(Netmask)相"与"的结果用于定义本地计算机可以到达的网络目的地址范围。

(3) 下一跳：在发送 IP 数据包时，网关定义了针对特定的网络目的地址，指定数据包发送到的下一跳服务器。如果是本地计算机直接连接到的网络，网关通常是本地计算机对应的网络接口，但是此时接口必须和网关一致；如果是远程网络或默认路由，则网关通常是本地计算机所连接到的网络上的某个服务器或路由器。

(4) 转发接口(Interface)：接口定义了针对特定的网络目的地址，本地计算机用于发送数据包的网络接口。网关必须位于和接口相同的子网(默认网关除外)，否则造成在使用此路由项时需调用其他路由项，从而可能会导致路由死锁。

(5) 管理距离(Administrative Distance，AD)和度量：指明了路由的优先级和度量值，以方便选择最佳路径。这里的度量是指通过优先权评价路由的一种手段，度量越低，路径越短，路由越佳。

3.2.3　路由选择协议

路由选择协议(Routing Protocol)是辅助路由器工作的协议。在这类协议的支持下，路由器之间不断地交互转发路由更新信息，建立和维护各自的路由表，路由器根据路由表转发数据报。

根据自治系统的划分，路由选择协议又分为内部网关路由选择协议和外部网关路由选择协议。在自治系统之间的路由选择协议被称为外部网关路由协议(Exterior Gateway Protocol，EGP)，如边界网关协议(Border Gateway Protocol，BGP)。这类协议工作在自治系统之间，在位于系统边缘的边界路由器上运行，仅交换选路所必需的、最少的信息，以确保自治域系统之间的通信。自治系统的内部路由器依靠内部网关路由选择协议进行路由更新，生成路由表，以确保自治系统内部主机之间的通信。路由信息协议(Router Information Protocol，RIP)、开放最短路径优先协议(Open Shortest Path First，OSPF)、内部网关路由协议(Interior Gateway Routing Protocol，IGRP)和增强的内部网关路由协议(Enhanced Interior Gateway Routing Protocol，EIGRP)等属于内部网关路由选择协议。如果按照使用的信息和选路方式区分，大多数路由选择协议可分成距离向量路由选择协议和链路状态路由选择协议这两种基本路由选择协议。

通常将路由信息协议 RIP 和内部网关路由选择协议 IGRP 等称为有类路由协议。在有类路由选择协议中，只在路由器之间传送路由和它的计量值。无类路由选择协议包括 RIP2、EIGRP、OSPF 和 BGP 等一些比较新的路由选择协议，它们在路由更新过程中，将网络掩码与路径一起广播出去，这时网络掩码也称为前缀屏蔽或前缀。由于在路由器之间传送掩码(前缀)，因而没有必要判断地址类型和默认掩码，这就是无类地址和无类路由选择。

3.3 大型网络路由技术

路由技术主要是指路由选择算法、因特网的路由选择协议的特点及分类。其中，路由选择算法可以分为静态路由选择算法和动态路由选择算法。

3.3.1 静态路由

静态路由就是网络管理员使用手工配置的方式为路由器配置的路由，将把 IP 数据包按照预定路径传送到目标网络。在某些特定网络中，当不能通过动态路由协议学习到目标网络的路由时，配置静态路由就显得十分重要。另外，当网络的拓扑结构或状态发生变化时，需要使用手工方式去修改路由表中相关的路由信息。

静态路由不传递给其他路由器，但网络管理员可以进行设置，使之成为共享的路由。使用 "0.0.0.0 0.0.0.0" + 任意网络地址，给没有确切路由的 IP 数据包完成特殊的静态路由配置，成为默认路由，也称默认网关。

3.3.2 动态路由

静态路由一般用于简单的网络环境，在复杂的大型网络中，就需要通过动态路由协议完成路由条目学习，实现网络的互联互通。

动态路由是指路由器能够自动地建立自己的路由表，并且能够根据实际情况的变化适时地进行路由学习，生成、更新、维护转发路由表。当网络拓扑结构发生变化时，动态路由可以自动更新路由表，并负责决定数据传输的最佳路径。每台路由器上运行的路由协议，根据路由器的接口配置及所连接链路状态，生成路由表中的路由表项。

1) RIP 路由

RIP 路由信息协议是一种较为简单的内部网关协议(Interior Gateway Protocol，IGP)，主要用于规模较小的网络，是一种动态路由选择协议，用于自治系统(Autonomous System，AS)内的路由信息的传递。

RIP 协议基于距离矢量算法(Distance Vector Algorithms)，通过用户数据报协议 UDP 报文进行路由信息的交换，使用的端口号为 520，使用 "跳数" (metric)来衡量到达目标地址的路由距离。这种协议的路由器只关心自己周围的世界，只与自己相邻的路由器交换信息，范围限制在 15 跳之内，超过 15 跳就认为是不可达。

2) OSPF 路由

OSPF 协议在一定程度上可以说是为了解决 RIP 的问题所产生的协议。所以 OSPF 协议没有跳数的限制即没有路由个数限制，可以工作在大型网络中。但是路由器太多也不是特别好的事情，如果都在一个网络区域中，那么一个路由器故障，就可能引发整个网络故障，我们称这种故障为单点故障。

为了解决单点故障问题，OSPF 协议中引入区域的概念，OSPF 在 AS 内划分多个区域，如图 3.14 所示。4 个路由器都在一个 AS 内，我们把一个 AS 划分成 3 个区域，每个区域中都有 2 个路由器。任何一个区域内的变化不会立即影响到别的区域。

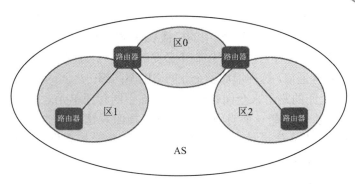

图 3.14 　 OSFP 网络中区域划分

3.4 　 虚 拟 局 域 网

虚拟局域网(Virtual Local Area Network，VLAN)是一组逻辑上的设备和用户，这些设备和用户并不受物理位置的限制，可以根据功能、部门及应用等因素将它们组织起来，相互之间的通信就好像它们在同一个网段中一样。

3.4.1 　 虚拟网络的基本概念

虚拟局域网 VLAN 并不是一种新的网络形式，它只是局域网提供的一种服务。VLAN 是对连接到第二层交换机端口的网络用户的逻辑分组，不受网络用户的物理位置限制，而根据用户需求进行网络分段。一个 VLAN 可以在一个交换机或者跨越多个交换机实现，与网络用户的物理位置无关。图 3.15 所示为虚拟局域网的构成。有 10 个用户分布在 3 个楼层中，构成 3 个局域网，即 LAN1:(A1, B1, C1)、LAN2:(A2, B2, C2, C3)和 LAN3:(A3, B3, C4)。这 10 个用户可划分为 3 个工作组，故把它们划分为 3 个虚拟局域网，即 VLAN1:(A1, A2, A3)、VLAN2:(B1, B2, B3)和 VLAN3:(C1, C2, C3, C4)。可以看出，每一个 VLAN 的工作站可以处于不同的局域网中，也可以不在同一个楼层中。

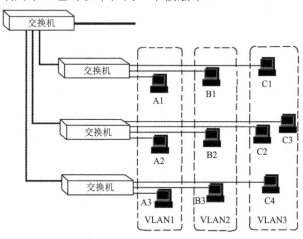

图 3.15 　 虚拟局域网的构成

处于同一 VLAN 中的工作站，不论它们实际与哪个交换机连接，它们之间的通信就好像在独立的集线器上一样。同一个 VLAN 中的广播只有 VLAN 中的成员才能听到，而不会传输到其他的 VLAN 中去，这样可以很好控制不必要的广播风暴产生。同时，若没有路由，不同 VLAN 之间不能相互通信，这样增加了企业网络中不同部门之间的安全性。网络管理员可以通过配置 VLAN 之间的路由来全面管理企业内部不同管理单元之间的信息互访。

每一个 VLAN 的帧都有一个明确的标识符，指明发送该帧的工作站是属于哪一个 VLAN。当一个工作站发送信息时，同一 VLAN 其他工作站都会收到它的广播信息，而这个 VLAN 以外的工作站不会收到该信息。

划分 VLAN 的优点如下：

(1) 控制广播风暴。一个 VLAN 就是一个逻辑广播域，它限制了接收广播信息的工作站数，使网络不会因传播过多的广播信息而引起性能恶化。

(2) 提高网络整体安全性。通过路由访问列表和 MAC 地址分配等 VLAN 划分原则，可以控制用户访问权限和逻辑网段大小，将不同用户群划分在不同 VLAN，禁止未经允许而访问 VLAN 中的应用。交换端口可以基于应用类型和访问特权来进行分组，被限制的应用程序和资源一般置于安全性 VLAN 中，从而提高交换式网络的整体性能和安全性。

(3) 网络管理简单、直观。对于交换式以太网，如果对某些用户重新进行网段分配，需要网络管理员对网络系统的物理结构重新进行调整，甚至需要追加网络设备，增大网络管理的工作量。而对于采用 VLAN 技术的网络来说，一个 VLAN 可以根据部门职能、对象组或者应用将不同地理位置的网络用户划分为一个逻辑分组，在不改动网络物理连接的情况下可以任意地将工作站在工作组或子网之间移动。

(4) 利用虚拟局域网技术，大大减轻了网络管理和维护工作的负担，降低了网络维护费用。在一个交换网络中，VLAN 提供了网段和机构的弹性组合机制。

3.4.2　虚拟局域网的实现技术

在传统共享介质的以太网和交换式的以太网中，所有的用户在同一个广播域中，会引起网络性能的下降，浪费可贵的带宽；而且对广播风暴的控制和网络安全只能在第三层的路由器上实现。划分 VLAN 是克服这些缺点的最好方法，在交换机上划分 VLAN，可以大致分为 4 类。

(1) 基于端口划分 VLAN。根据以太网交换机的端口来划分，如 Quidway S3526 的 1～4 端口为 VLAN 10，5～17 端口为 VLAN 20，18～24 端口为 VLAN 30。当然，这些属于同一 VLAN 的端口可以不连续，如何配置由管理员决定。如果有多个交换机，可以指定交换机 1 的 1～6 端口和交换机 2 的 1～4 端口为同一 VLAN，即同一 VLAN 可以跨越多个以太网交换机。根据端口划分是目前定义 VLAN 的最常用方法，IEEE802.1Q 国际标准规定了依据以太网交换机的端口来划分 VLAN。

这种划分方法的优点是定义 VLAN 成员时非常简单，只要将所有的端口都定义一下就可以了。它的缺点是如果 VLAN 中的某一用户离开了原来的端口，到了一个新的交换机的某个端口，那么就必须重新定义。

(2) 基于 MAC 地址划分 VLAN。根据每个主机的 MAC 地址来划分，即对每个 MAC 地址的主机都配置它属于哪个组。

这种方法的最大优点就是当用户物理位置移动时,即从一个交换机换到其他的交换机时,VLAN 不用重新配置,所以,可以认为这种根据 MAC 地址的划分方法是基于用户的 VLAN。

这种方法的缺点是初始化时,所有的用户都必须进行配置,如果有几百个甚至上千个用户的话,配置是非常累的。而且这种划分的方法也导致了交换机执行效率的降低,因为在每一个交换机的端口都可能存在很多个 VLAN 组的成员,这样就无法限制广播包了。另外,对于使用笔记本电脑的用户来说,他们的网卡可能经常更换,这样,VLAN 就必须不停地配置。

(3) 基于网络层划分 VLAN。这种划分 VLAN 的方法是根据每个主机的网络层地址或协议类型(如果支持多协议)划分的,虽然这种划分方法是根据网络地址,比如 IP 地址,但它不是路由,与网络层的路由毫无关系。它虽然查看每个数据报的 IP 地址,但由于不是路由,没有 RIP、OSPF 等路由协议,而是根据生成树算法进行桥交换。

这种方法的优点是用户的物理位置改变了,不需要重新配置所属的 VLAN,而且可以根据协议类型来划分 VLAN,这对网络管理者来说很重要。还有,这种方法不需要附加的帧标签来识别 VLAN,这样可以减少网络的通信量。

这种方法的缺点是效率低,因为检查每一个数据报的网络层地址是需要消耗处理时间的(相对于前面两种方法),一般的交换机芯片都可以自动检查网络上数据报的以太网帧头,但要让芯片能检查 IP 帧头,需要更高的技术,同时也更费时。当然,这与各个厂商的实现方法有关。

(4) 根据 IP 组播划分 VLAN。IP 组播实际上也是一种 VLAN 的定义,即认为一个组播组就是一个 VLAN,这种划分的方法将 VLAN 扩大到了广域网,因此这种方法具有更大的灵活性,而且也很容易通过路由器进行扩展。当然这种方法不适合局域网,主要是效率不高。

鉴于当前业界 VLAN 发展的趋势,考虑到各种 VLAN 划分方式的优缺点,为了最大限度地满足用户在具体使用过程中的需求,减轻用户在 VLAN 的具体使用和维护中的工作量,交换机采用根据端口来划分 VLAN 的方法。

3.5 项 目 实 训

实训 3.5.1 交换机的启动和基本配置

✦ 实训目的

(1) 熟悉交换机的基本组成和基本功能;
(2) 掌握交换机操作系统的启动和基本配置方法;
(3) 掌握通过 Console 口或 Telnet 方式登录交换机;
(4) 掌握交换机的常用配置命令。

✦ **实训环境**

(1) 计算机实训室、交换机；

(2) Cisco Packet Tracer 6.0，Console 电缆 1 条。

✦ **实训内容及步骤**

实验拓扑如图 3.16 所示。开始实验之前，建议在删除各个交换机的初始配置后再重新启动交换机，这样可以防止残留的配置所带来的问题。首先介绍一下如何通过 Console 口及 Telnet 方式来管理交换机。

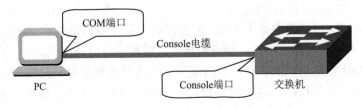

图 3.16   实验拓扑

1. 串口管理

用串口对交换机进行配置是在网络工程中对交换机进行配置最基本、最常用的方法。用串口配置交换机是通过 Console 电缆把 PC 的 COM 端口和交换机的 Console 端口连接起来。具体操作步骤如下：

(1) 通过 Console 电缆把 PC 的 COM 端口和交换机的 Console 端口连接起来，确认连接 PC 的串口是 COM1 还是 COM2，然后给交换机加电。

(2) 启动 Windows 自带的超级终端程序，选择通信串口(COM1 或 COM2)。

启动方法：选择"开始"→"程序"→"附件"→"超级终端"命令。

(3) 超级终端程序的 COM1 端口参数设置如图 3.17 所示。

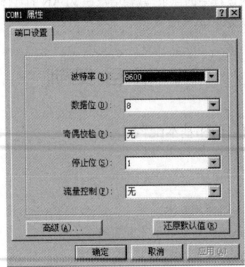

图 3.17   COM 端口参数设置

2. 交换机的启动

1) 了解交换机启动过程的信息

(1) Boot 程序版本信息：

C2950 Boot Loader (C2950-HBOOT-M) Version 12.1(11r)EA1, RELEASE SOFTWARE
(fc1)

(2) 硬件平台信息：

Compiled Mon 22-Jul-02 17:18 by antonino WS-C2950-24 starting...

Baseethernet MAC Address: 00:0d:28:be:3f:40

Xmodem file system is available.

(3) 有关初始化 flash 的信息：

Initializing Flash… ….

POST: System Board Test : Passed

POST: Ethernet Controller Test : Passed

ASIC Initialization Passed

2) IOS 的基本模式

(1) 用户模式(User Mode)。用户模式的提示符为 hostname>。

(2) 特权模式(Privileged Mode)。特权模式又被称为私有模式或 Enable 模式。

在用户模式下使用 Enable 命令，格式为：hostname>enable。进入特权模式的提示符为 hostname#。

(3) 全局模式(Global Mode)。在特权模式下，输入 config 命令，并且选择 terminal 模式，或者直接输入 "config t" 命令就可以进入全局模式，提示符为 hostname(config)#，在全局模式下可以对设备进行配置。

3) 交换机的默认配置

(1) 连接交换机：

En

Password: *****   no password cisco

(2) 断开与交换机的连接：

En

Password: *****   sho version   sho ru   wr   reload

System configuration has been modified. Save? [yes/no]: y

Building configuration... [OK]

Proceed with reload? [confirm]

(3) 关闭交换机电源，重新启动。

3. 对交换机进行基本的配置

1) 配置主机名与口令

Switch>?

Switch>enable---进入特权模式

Switch#config   t---进入全局模式

```
Switch(config)#?
Switch(config)#hostname S2950----------------------------------------配置主机名为 S2950
S2950(config)#enable password cisco-----------------------------------配置口令
```

2) 配置 Vlan1 接口

默认配置下，所有的接口都处于可用状态，并同属于 VLAN1，Vlan1 接口属于 VLAN1，是交换机上的管理接口，此接口上的 IP 地址将用于对此交换机的管理，如下面要用的 Telnet 管理。

```
S2950(config)# interface vlan1-------------------------------------------进入端口
S2950(config-if)#ip address 192.168.1.8 255.255.255.0----------------------配置 IP 地址
S2950(config-if)#no shuntdown-------------------------------------------启用该端口配置
```

3) 配置一般端口 IP 地址

```
S2950(config)# interface f1---------------------------------------------进入端口
S2950(config-if)#ip address 192.168.0.8 255.255.255.0----------------------配置 IP 地址
S2950(config-if)#no shuntdown-------------------------------------------启用该端口配置
S2950(config-if)#exit--------------------------------------------------返回全局模式
S2950(config)#
S2950#
```

4) 配置通过 Telnet 进程管理

在全局配置模式下使用命令 line{vty|aux con}number 进行配置，其中 vty 为配置虚拟终端，aux 为配置辅助口，con 为配置 Console 口。

```
S2950(config)# line vty 0 4
S2950(config-line)#
S2950(config-line)# password password---------------------为进入 Telnet 进程设置口令
S2950(config-line)# ctrl-z-----------------------------------------------返回特权模式
S2950#
S2950#copy running-config startup-config-----------------------------------保存配置
```

5) 配置交换机端口属性

设置端口速率为 100 Mb/s、全双工，端口描述为"to_pc"。

```
S2950# conf t-----------------------------------------------------------进入全局模式
Enter configration command,one per line.End with Ctrl/Z.
S2950(config)# interface fa0/1
S2950(config-if)# speed ?
Force 10Mb/s operation 100   Force 100Mb/s operation auto Enable Auto speed operation
S2950(config-if)# speed 100
S2950(config-if)# duplex ?
auto   Enable auto duplex operation full   Enable full-duplex operation half   Enable half-
duplex operation
S2950(config-if)# duplex full
```

S2950(config-if)# description to_pc

S2950(config-if)#ctrl-z

S2950# show interface fa0/1 stauts------------------------------------显示端口配置结果

实训 3.5.2   交换机划分 VLAN

✦ 实训目的

(1) 理解虚拟 LAN(VLAN)基本原理；

(2) 掌握一般交换机按端口划分 VLAN 的配置方法。

✦ 实训环境

(1) 网络实训室；

(2) Cisco Packet Tracer 6.0。

✦ 实训内容及步骤

1. VTP 的概念

在配置 VLAN 之前，必须先了解 VTP(VLAN Trunking Protocol，VLAN 中继协议)的概念。假设一个网络中有 10 台交换机，已经在交换机上配置了 VLAN。初始配置及将来修改 VLAN 配置时，需要对每台交换机进行 VLAN 修改和配置。这样，一方面配置的工作量很大；另一方面，当配置出了一点问题时，可能会引起交换机上 VLAN 信息的不一致，导致出现 VLAN 不能正常工作、丢失连接及安全隐患等问题。当规模越来越大、VLAN 越多时情况会越严重。

VTP 就是用来解决具有 VLAN 的多台交换机相连环境下，保持各交换机上的 VLAN 设置一致的协议。可以通过在一台交换机上进行 VLAN 配置，就可以将配置传递给域中的所有交换机。

VTP 的操作有三种模式：

(1) 服务器(Server)模式：在本模式下可以建立、修改和删除 VLAN 及配置其他关于 VTP 管理域的参数。VTP 服务器接收和发送域中交换机 VLAN 的最新配置信息，保持所有交换机配置同步。交换机的 VTP 默认模式是服务器模式。

(2) 客户机(Client)模式：在本模式下不可以建立、修改和删除 VLAN 及配置其他关于整个 VTP 管理域的参数，但可以接收和发送域中交换机 VLAN 的最新配置信息，保持所有交换机 VLAN 配置同步。

(3) 透明(Transparent)模式：在本模式下交换机不参与本域中 VLAN 配置的同步，仅传递本域中其他交换机的 VTP 广播信息。它可以建立、修改和删除 VLAN 及其他配置，但是它的 VLAN 配置只属于它自己。

2. 实验步骤

实验拓扑如图 3.18 所示，划分 VLAN 实验拓扑时，将交换机 A 的 VTP 配置成 Server

模式、交换机 B 为 Client 模式，两者统一 VTP 域名为 Test。在交换机上配置 VLAN，通过实验验证当两者之间配置 Trunk 模式(端口汇聚)后，交换机 B 自动获得了与交换机 A 同样的 VLAN 配置。

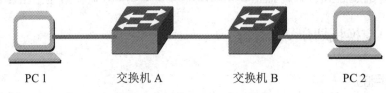

PC 1   交换机 A   交换机 B   PC 2

图 3.18   划分 VLAN 实验拓扑

1) 创建跨交换机的 VLAN

基于物理端口划分 VLAN，无划分的端口默认为 vlan 1。

S2950A 交换机的端口划分 VLAN：

Switch(config)#hostname S2950A

S2950A(config)# interface f0/13————————————————————————进入端口配置

S2950A(config-if)# switchport mode access————————该端口设置为静态 VLAN 访问模式

S2950A(config-if)# switchport access vlan 2 ———————————————该端口分配给 vlan 2

S2950A(config-if)# interface f0/14

S2950A(config-if)# switchport mode access

S2950A(config-if)# switchport access vlan 2

S2950A(config)# interface f0/24

S2950A(config-if)# switchport mode trunk ————————————将 24 口设置为 Trunk 口

S2950A# show vlan

S2950B 交换机的端口划分 VLAN：

Switch(config)#hostname S2950B

S2950B# interface f0/13

S2950B(config-if)# switchport mode access

S2950B(config-if)# switchport access vlan 2

S2950B(config-if)# interface f0/14

S2950B(config-if)# switchport mode access

S2950B(config-if)# switchport access vlan 2

S2950B(config)# interface f0/24

S2950B(config-if)# switchport mode trunk ————————————将 24 口设置为 Trunk 口

S2950B# show vlan

2) 配置 VLAN 主干协议(VTP)

配置 S2950A 交换机的 VTP：

S2950A#vlan database————————————————————————————进步 VLAN 配置模式

S2950A(vlan)# vtp server————————————————————————————设置服务器模式

S2950A(vlan)# vtp domain Test————————————————————————VTP 域名为 Test

S2950A(vlan)# vlan 1 name class1————————————————————————定义 VLAN

S2950A(vlan)# vlan 2 name class2---定义 VLAN

S2950A# show vlan

S2950A# show vtp status--显示 VTP 相关配置状态信息

S2950A# show vlan brief

S2950A# show vtp counters---列出 VTP 统计信息

S2950B 交换机的 VTP：

S2950B# vlan database

S2950B(vlan)# vtp domain Test

S2950B(vlan)# vtp client---设置客户端模式

S2950B(vlan)# sh vlan

3) 测试从 PC1 到 PC2 的连通性

(1) 相同 VLAN 测试。PC1 连接到 S2950A 交换机的 f0/13 端口或 f0/14 端口(vlan 2)，PC2 连接到 S2950B 交换机的 f0/13 端口或 f0/14 端口(vlan 2)。

选择"开始"→"运行"命令，输入 cmd。

输入 ping 192.168.1.1(计算机中所配的 IP 地址)。

实验结果表明：在两个级联的交换机中，不同交换机的相同 vlan 是可以 ping 通的。

(2) 不同 VLAN 测试。PC1 机连接到 S2950A 交换机的 f0/13 端口(vlan 2)，PC2 机连接到 S2950B 交换机的 f0/3 端口或 S2950A 交换机的 f0/7 端口(vlan 1)。

选择"开始"→"运行"命令，输入 cmd。

输入 ping 192.168.1.1(计算机中所配的 IP 地址)。

实验结果表明：在两个级联的交换机中或同一交换机中，不同 VLAN 是不可以 ping 通的。

小　　结

该项目主要介绍了路由技术和虚拟局域网的实现技术。在大型网络中，网络的拓扑结构越来越复杂。为了确保各个系统网络工作正常，需要划分 VLAN 隔离广播域，为确保各个系统网络互联互通，网络转发分组数据包需要路由。

习　　题

1. 选择题

(1) A 类 IP 地址共有(　　)个网络。

A. 126　　　　　　B. 128　　　　　　C. 16 384　　　　　D. 127

(2) 每个 B 类网络有(　　)个网络节点。

A. 254　　　　　　B. 65 535　　　　　C. 65 534　　　　　D. 16 384

(3) 两个 LAN 采用相同的协议，且这两个网络采用相同的网络操作系统，它们间的连接应选用(　　)设备。

A. 中继器　　　　B. 网桥　　　　C. 路由器　　　　D. 网关

(4) IP 地址 127.0.0.1 表示(　　)。

A. 是一个暂时未用的保留地址　　　　B. 是一个属于 B 类的地址

C. 是一个表示本地全部节点的地址　　D. 是一个表示本节点的地址

(5) TCP/IP 的(　　)负责接收和发送 IP 数据，包括属于操作系统的设备驱动器和计算机网络接口卡。

A. 链路层　　　　B. 物理层　　　　C. 网络层　　　　D. 传输层

(6) 从 IP 地址 128.200.200.200 我们可以看出(　　)。

A. 这是一个 A 类网络中的主机　　　　B. 这是一个 B 类网络中的主机

C. 这是一个 C 类网络中的主机　　　　D. 这是一个保留的地址

(7) 地址解析协议(ARP)的主要功能是(　　)。

A. 将 IP 地址解析为物理地址　　　　B. 将物理地址解析为 IP

C. 将主机名解析为 IP 地址　　　　　D. 将 IP 地址解析为主机名

(8) 下列设备中，(　　)只是简单地再生进入的信号。

A. 中继器　　　　B. 网络卡　　　　C. 网桥　　　　D. 网关

2. 判断题

(1) 通过扩大网络互联，接入互联网的硬件资源增多，相同的一个设备可被更多的用户共享，从而能够实现软硬件资源的共享。　　　　　　　　　　　　(　　)

(2) 根据网络类型划分，网络互联可分为局域网—局域网、局域网—广域网、局域网—广域网—局域网、广域网—广域网四种类型。　　　　　　　　　　　　(　　)

(3) 集线器(Hub)又称集中器，它是中继器的一种形式，区别在于集线器能够提供多端口服务，所以被称为多口的中继器。　　　　　　　　　　　　　　　　(　　)

(4) 网桥(Bridge)又称桥接器，是用来实现局域网互联的最常用技术，是一种在数据链路层实现局域网互联的存储转发设备。　　　　　　　　　　　　　　(　　)

(5) 交换机是一种第三层网络连接设备。　　　　　　　　　　　　　　(　　)

(6) IPv6 采用了一种点分十进制表示法。　　　　　　　　　　　　　(　　)

(7) 地址解析协议工作于网络层。　　　　　　　　　　　　　　　　(　　)

3. 简答题

(1) 为什么要进行网络互联？网络互联的基本条件是什么？

(2) 网络互联方式有哪几种？

(3) 网络互联设备主要有哪些？各有什么特点？

(4) 简述 IPv4 与 IPv6 之间的区别。

(5) 简述划分子网的目的。

(6) 网络 193.1.1.0，子网掩码是 255.255.255.224，这个网络分了几个子网？每个子网的主机号范围是怎么样的？

(7) ARP 的功能是什么？

(8) 简述 TCP 协议建立连接的三次握手机制。

(9) IP 是 Internet 中广泛使用的网络层协议，它能提供什么样的服务？

项目 4

组建无线网络

项目引入

小明在学习了大型网络组建后，认识到网络的组建中除了有线网络，无线网络也是组网中必不可少的组成部分。无线网络在我国的发展是非常迅猛的，人们对其的依赖程度也逐渐增加。相比移动网络，人们更加喜欢无线网络，这是因为无线网络速度很快且便于连接。

学习目标

- 掌握无线网络基础知识；
- 掌握无线网络关键技术；
- 掌握无线网络的实现方法；
- 掌握无线网络的安全策略。

4.1 无线局域网概述

1. 无线技术

所谓无线，就是利用无线电波来实现信息的传导。就应用层面来讲，它与有线网络的用途完全相同，两者最大的不同是传输媒介不同。正因它是无线，所以无论是在硬件架设还是在使用的机动性方面均比有线网络有更多优势。

无线局域网(Wireless Local-area Network，WLAN)是利用无线通信技术在一定的局部范围内建立的网络，是计算机网络与无线通信技术相结合的产物，它以无线多址信道作为传输媒介，提供传统有线局域网的功能，能够使用户真正实现随时、随地、随意的宽带网络接入。

2. 无线局域网的优缺点

与有线网络相比，无线局域网具有以下优势：

(1) 扩展方便。WLAN 有多种资源配置管理模式，可根据需要进行灵活选择。通过这种方式，WLAN 可以从只有几个用户的小型 LAN 到拥有数千个用户的大型网络，并且可以提供有线网络无法提供的漫游等功能。WLAN 以其诸多优点得到很多企业的青睐而迅速发展。

(2) 安装方便。一般来说，在网络建设中，工期最长、对周围环境影响最大的是网络布线建设项目。在施工过程中，经常需要破壁、挖地、穿管。无线局域网的最大优点是可消除或减少网络布线的工作量。一般来说，只要安装一个或多个接入点设备，就可以建立覆盖整个建筑物或区域的局域网。

（3）灵活选择使用。在有线网络中，网络技术设备的位置会受到网络信息点位置的限制。部署无线局域网后，无线网络信号可以连接到覆盖区域内的任何位置。

（4）经济节约。因为有线网络技术缺乏灵活性，组网不方便，要求网络系统规划者尽可能地考虑企业未来社会发展的需要，这就往往导致需要预设大量利用率低的信息点。一旦网络的发展超过了设计计划，网络重构的成本将更高，而无线局域网可以避免或减少上述情况。

无线技术非常灵活，有很多优点，但也有一定的局限性和风险，主要如下：

（1）WLAN 技术使用射频(RF)中无须许可证的频段，由于这些频段不受管制，因此被许多不同的设备使用。许多设备使用后会使这些频段非常拥挤，且来自不同设备的信号经常相互干扰。此外，微波炉和无线电话等设备也使用这些频率，因而可能会干扰 WLAN 通信。

（2）无线技术的主要问题是安全。无线技术提供了便捷的访问，其广播数据的方式让任何人都能访问数据。但是，这种功能也削弱了无线技术对数据的保护能力。因为任何人(包括非预定的接收者)都可以截取到通信流。为解决安全性问题，人们开发了许多保护无线通信的技术，如加密和身份验证。

4.2　无线网络标准

4.2.1　IEEE802.11 标准的重要技术规定

IEEE802.11 是现今无线局域网通用的标准，它是由美国电气与电子工程师学会(IEEE)所定义的无线网络通信标准。它包含一系列标准，每个标准都有其技术规定，下面分别进行介绍。

（1）IEEE802.11。1990 年，IEEE802 标准化委员会成立了 IEEE802.11 无线局域网标准工作组。IEEE802.11 是在 1997 年 6 月由众多的计算机网络专家审定通过的标准，该标准定义了物理层和媒体访问控制(Media Access Control，MAC)规范。

（2）IEEE802.11b。IEEE802.11b 标准规定无线局域网工作频段为 2.4～2.4 835 GHz，数据传输速率达到 11 Mb/s，传输距离控制在 15～45 m。

（3）IEEE802.11a。IEEE802.11a 标准规定无线局域网工作频段在 5.15～8.825 GHz，数据传输速率达到 54 Mb/s，传输距离控制在 10～100 m。其缺点是无法与 IEEE802.11b 兼容，致使一些早已购买 IEEE802.11b 标准的无线网络设备在新的 IEEE802.11a 网络中不能使用。

（4）IEEE802.11g。IEEE802.11g 同 IEEE802.11b 一样，也工作在 2.4 GHz 频段内，比现在通用的 IEEE802.11b 速度要快 5 倍，并且与 IEEE802.11b 完全兼容。IEEE802.11g 标准拥有 IEEE802.11a 的传输速率，安全性较 IEEE802.11b 好。

（5）IEEE802.11i。IEEE802.11i 标准是结合 IEEE802.11x 协议中的用户端口身份验证和设备验证，对无线局域网 MAC 层进行修改与整合，定义了严格的加密格式和鉴别权限机制，以改善无线局域网的安全性。IEEE802.11i 新修订标准主要包括 WiFi 保护访问(WiFi

Protected Access，WPA)技术和强健安全网络(Robust Security Netware，RSN)两项内容。

IEEE802.11i 标准在无线局域网建设中是相当重要的，数据的安全性是无线局域网设备制造商和无线局域网网络运营商应该首先考虑的头等工作。

(6) IEEE802.11e/f/h。IEEE802.11e 标准对无线局域网 MAC 层协议提出改进，以支持多媒体传输和所有 WLAN 无线广播接口的服务质量(Quality of Service，QoS)保证机制。

IEEE802.11f 标准定义访问节点之间的通信,支持 IEEE802.11x 的接入点互操作协议(IAPP)。

IEEE802.11h 标准用于 IEEE802.11a 的频谱管理技术。

4.2.2　IEEE802.11b 标准

1. IEEE802.11b 标准简介

IEEE802.11b 无线局域网的带宽最高可达 11 Mb/s，比 IEEE802.11 标准快 5 倍，扩大了无线局域网的应用领域。另外，也可根据实际情况采用 5.5 Mb/s、2 Mb/s 和 1 Mb/s 带宽，实际的工作速度在 5 Mb/s 左右，与普通的 10Base-T 规格有线局域网几乎处于同一水平。IEEE802.11b 使用的是开放的 2.4 GHz 频段，不需要申请即可使用，既可作为对有线网络的补充，也可独立组网，从而使网络用户摆脱网线的束缚，实现真正意义上的移动应用。

IEEE802.11b 无线局域网与我们熟悉的 IEEE802.3 以太网的原理很类似，都是采用载波侦听的方式来控制网络中信息的传送。不同之处是以太网采用的是 CSMA/CD(载波侦听/冲突检测)技术，网络上所有工作站都侦听网络中有无信息发送，当发现网络空闲时即发出自己的信息，如同抢答一样，只能有一台工作站抢到发言权，而其余工作站需要继续等待。如果有两台以上的工作站同时发出信息，则网络中会发生冲突，之后这些冲突信息都会丢失，各工作站则将继续抢夺发言权。而 IEEE802.11b 无线局域网则引进了冲突避免技术，从而避免了网络中冲突的发生，可以大幅度提高网络效率。

2. IEEE802.11b 的基本运作模式

IEEE802.11b 运作模式可分为两种:点对点模式和基本模式。点对点模式是指无线网卡和无线网卡之间的通信方式;只要 PC 插上无线网卡即可与另一具有无线网卡的 PC 连接。对于小型无线网络来说，这是一种方便的连接方式，最多可连接 256 台 PC。

基本模式是指无线网络规模扩充或无线和有线网络并存时的通信方式，这是 IEEE802.11b 最常用的方式。此时，插上无线网卡的 PC 需要通过接入点与另一台 PC 连接。接入点负责频段管理及漫游等指挥工作，一个接入点最多可连接 1024 台 PC。当无线网络节点扩增时，网络存取速度会随着范围扩大和节点的增加而变慢，此时添加接入点可以有效控制和管理频宽与频段。无线网络需要与有线网络互联，或无线网络节点需要连接和存取有线网络的资源和服务器时，接入点可以作为无线网络和有线网络之间的桥梁。

3. IEEE802.11b 的典型解决方案

IEEE802.11b 标准为临时网络和客户机/服务器网络提供了协议规范。临时网络是一种简单网络，在这种网络中无须使用接入点或服务器，就可在给定覆盖区域内的多个站点之间建立通信。该标准规定了每个站点必须遵守的规则，这样所有的站点都可以公平地访问无线媒介。它提供了仲裁媒介使用请求的方式，以保证为基础服务集合中的所有用户提供最大的吞吐量。客户机/服务器网络使用一个接入点，该接入点控制所有站的传输时间分配并使移动站可以从一个蜂窝到另一个蜂窝漫游。接入点用于处理来自移动无线电到该客户机/服务器网络的有线或无线骨干线路的传输流。

4.3　无线局域网的设备及选型

4.3.1　无线网络设备

一个无线网络中涉及很多设备，如接入点(AP)、接入控制器(AC)、交换机、流控设备等。这些设备都有着怎样的功能？部署又有哪些注意点？下面进行详细介绍。

1. 无线接入点

无线接入点(Wireless Access Point，无线 AP)是计算机网络中连接无线网络和有线网络(Ethernet)的设备。无线 AP 的功能是将有线网络转换成无线网络，从图像点来看，无线 AP 是连接无线通信网络和有线信息网络的桥梁。它的信号范围是蜂窝型的，在施工部署时最好放在较高的地方，以便增加覆盖范围，增强数据传输。无线 AP 也是一种无线交换机，它一端连接有线交换机或路由器，另一端连接的无线终端和原网络属于同一子网。

2. 无线路由器

无线路由器(Wireless Router)是一种具有路由功能的无线 AP。一方面，它可以通过无线终端相互通信；另一方面，借助路由器功能，可以通过实现无线通信网络中的互联网技术连接共享，实现无线数据共享接入。常用的方法是将无线路由器与 ADSI(Asymmetrical Digital Subscriber Loop，非对称数字用户线路)调制解调器连接，使无线局域网中的多台计算机共享宽带网络。无线路由器通常有一个或多个天线作为无线接口，以及一个广域网接口和几个局域网接口，即计算机可以通过无线网络或传输介质连接。

3. 无线网卡

无线网卡的功能与有线网卡一样，它们都是用来在局域网中发送和接收信号的，但是有线网卡传输电信号，而无线网卡则将计算机产生的电信号转换成无线信号。从外观上看，无线网卡和有线网卡有很大区别，因为有线网卡通过网卡上的接口连接相应的传输介质(同轴电缆、双绞线、光纤等)，而无线网卡则通过天线来连接。由于无线网卡是局域网设备，其接收和发送信号都有一定的范围。根据接口的不同，无线网卡一般分为 PC 无线网卡、minpci 无线网卡、USB 无线网卡和 CF/SD 无线网卡。

4. 无线网桥

将两个或多个不同建筑物间的局域网用无线连接起来的设备叫无线网桥，它可以提供点到点、点到多点的连接方式，与功率放大器、定向天线配合使用可以传输几十千米的距离，主要应用于室外。无线网桥不可能只使用一个，必须使用两个以上，而无线接入器可以单独使用。无线网桥的作用类似于以太网中的集线器或接入层交换机，它是传统的有线局域网与无线局域网之间的桥梁，是无线网络中数据传输的"中转站"。

4.3.2　无线局域网的设备选型

组建无线局域网，要根据网络需求选择合适的设备。通常要考虑以下几方面因素：

(1) 选择 AP 设备或无线网桥。如果是小范围内的集中方式组网，则要选择 AP 设备。如果是范围较大(覆盖两个或多个建筑物)，而且涉及点到多点的分布式连接，则应该选择无线网桥。

(2) 考察设备的传输距离的限制。

(3) 考察设备的传输速率。

(4) 考察设备的 MAC 技术、物理编码方式以及安全加密认证等标准。

4.4　常见的无线网安全威胁

无线网的传输和接收数据是通过在空气中广播的射频信号实现的。由于无线局域网使用的广播性质，存在黑客可以访问或损坏数据的威胁。安全隐患主要有以下两方面。

1. 未经授权使用网络服务

如果无线局域网设置为开放式访问方式，非法用户可以不经授权而擅自使用网络资源，不仅占用宝贵的无线信道资源，增加带宽费用，降低合法用户的服务质量，而且未经授权的用户如果没有遵守相应的条款，甚至可能引起法律纠纷。

2. 地址欺骗和会话拦截(中间人攻击)

在无线环境中，非法用户通过侦听等手段获得网络中合法站点的 MAC 地址比有线环境中要容易得多，这些合法的 MAC 地址可以被用来进行恶意攻击。此外，非法用户很容易装扮成合法的无线接入点，诱导合法用户连接该接入点进入网络，从而进一步获取合法用户的鉴别身份信息，通过会话拦截实现网络入侵。

由于无线网一般是有线网的延伸部分，一旦攻击者进入无线网，它将成为进一步入侵其他系统的起点。而多数无线网都部署在防火墙之后，这样无线网的安全隐患就会成为整个安全系统的漏洞，只要攻破无线网，就会使整个网络暴露在非法用户面前。

4.5　无线网的安全技术

为了缓解上述安全问题，所有的无线网都需要增加基本的安全认证、加密和加密功能，主要包括：进行用户身份认证，以防止未经授权访问网络资源；进行数据加密，以保护数据完整性和数据传输私密性。

身份认证方式主要有开放式认证和共享密钥认证两种。

1. 开放式认证

开放认证是一个空认证算法，允许任何设备向 AP 发送认证要求。开放验证中客户端使用明文传输关联 AP。如果没有加密功能，那么任何知道无线局域网 SSID(Service Set

Identifier，服务集标识)的设备都可以进入该网络。如果在 AP 上启用了有线对等加密协议(WEP)，则 WEP 密钥就成为一种访问控制的手段。没有正确的 WEP 密钥(共享密钥)的设备即使认证成功也不能通过 AP 传输数据，同时这样的设备也不能解密由 AP 发出的数据。

开放认证是一个基本的验证机制，可以使用不支持复杂认证算法的无线设备。IEEE802.11 规范中的认证是面向连接的。对于需要验证、允许设备得以快速进入网络的设计，用户可以使用开放式身份验证。而开放认证无法检验客户端是不是一个有效的客户端，不管用户是不是黑客或恶意攻击者的客户端。如果用户使用不带 WEP 加密的开放验证，任何知道无线局域网 SSID 的用户都可以访问网络。

2. 共享密钥认证

共享密钥认证与开放验证类似，但有一个主要的区别。当用户使用带 WEP 加密密钥的开放认证时，WEP 密钥用来加密和解密数据，但在认证的步骤中却不使用。在共享密钥认证中，WEP 加密密钥被用于验证。和开放验证类似，共享密钥认证需要客户端和 AP 具有相同的 WEP 密钥。AP 使用共享密钥认证发出一个挑战文本包到客户端，客户端使用本地配置的 WEP 密钥来加密挑战文本并且回复随后的身份验证请求。如果 AP 可以解密认证要求，并恢复原始的挑战文本，则 AP 将回复一个准许访问的认证响应给该客户端。

在共享密钥认证中，客户端和 AP 交换挑战文本(明文)并且加密该挑战文本。因此，这种认证方式易受到中间人攻击。黑客可以收到未加密的挑战文本和已加密的挑战文本，并从这些信息中提取 WEP 密钥。当黑客知道 WEP 密钥后，整个认证机制将受到威胁并且黑客可以自由访问该 WLAN 网络。这是共享密钥认证的主要缺点。

除了 WEP 之外，现在还有 WPA 和 WPA2 机制。

WPA(WiFi Protected Access，WiFi 保护访问)是一种基于 WiFi 联盟的标准安全解决方案，以解决本地无线局域网漏洞。WPA 为 WLAN 系统提供了增强的数据保护和访问控制。WPA 在原来的 IEEE802.11 标准的执行基础上解决了所有已知的 WEP 的漏洞，给 WLAN 网络带来了直接的安全解决方案，包括企业和小型办公室、家庭办公室等 WLAN 网络环境。

WPA2 是新一代的 WiFi 安全协议。WPA2 是 WiFi 联盟共同实施批准的 IEEE802.11i 标准。WPA2 执行美国国家标准和技术局(NIS)建议基于高级加密标准(Advanced Encryption Standard，AES)加密算法的计数器模式及密码区块链信息认证码协议(Counter CBC-MAC Protocol，CCMP)。AES 计数器模式是一种分组密码，该模式每次用一个 128 位密钥加密 128 位的数据块。WPA2 相比 WPA 提供了更高级别的安全性。

此外，还有其他两个常用的机制用于无线网安全，即基于 SSID 认证和 MAC 地址认证服务区标识符(SSID)匹配。无线客户端必须设置与无线访问点 AP 相同的 SSID，才能访问 AP；如果出示的 SSID 与 AP 的 SSID 不同，那么 AP 将拒绝它通过本服务区上网。利用 SSID 设置，可以很好地进行用户群体分组，避免任意漫游带来的安全和访问性能的问题。可以通过设置隐藏 AP 及 SSID 区域的划分和权限控制来达到保密的目的。SSID 是允许逻辑划分无线局域网的一种机制，SSID 没有提供任何数据隐私功能，而且 SSID 也不对 AP 提供真正验证客户端的功能。

每个无线客户端网卡都由唯一的 48 位物理地址(MAC)标识，可在 AP 中手工维护一组允许访问的 MAC 地址列表，实现物理地址过滤。这种方法的效率会随着终端数目的增加而降低，而且非法用户通过网络侦听就可获得合法的 MAC 地址表，而 MAC 地址并不难修改，因而非法用户完全可以盗用合法用户的 MAC 地址来非法接入。

4.6　无线网安全策略

无线局域网实现了计算机网络技术与无线通信技术的有机结合，在一定范围内实现了无线网通信服务，因此近年来得到了广泛的推广应用。对无线局域网而言，确保其安全是首要任务。无线网安全策略主要有以下几种方式：

(1) 不建议使用 WEP 加密方式，而应该使用 WPA 和 WPA2 的加密认证方式，而现在绝大多数家用 AP 是支持 WPA 和 WPA2 加密认证的。

(2) 改变家用无线路由器的常规设置。家用无线路由器通常默认的 DHCP 服务(自动分配 IP 地址)是开启的，这样如果其他用户进入了认证系统，不用猜测网络的 IP 地址是多少，就可以获得网络 IP 地址了，从而降低了攻击者的难度，提高了风险。具体来看，可以禁用 DHCP 服务和 SSID 广播服务，并且更改路由器内网网关的 IP 地址，能够大大增加攻击的难度。

(3) 绑定 MAC 地址。在家用无线路由器上开启 MAC 地址绑定功能，任何接入网络的设备一定是预先录入绑定的 MAC 地址，这样能够直接拒绝攻击者设备连接入网。

(4) 公共场所无线用户自身的安全策略。由于在公共场合中，所有连接无线网的计算机逻辑上都处于同一个网络里，所以要注意设置自身上网设备的安全性。主要需要关注以下几点：

① 不使用未知的无线信号，在公共场合，由于无线接入设备可以获取所有的交互信息，对于未知的无线网一定要加以鉴别后再使用；

② 开启防火墙、安全软件和禁用网络发现等功能，防止其他人利用公共网络对个人设备进行非法访问；

③ 默认口令和弱口令需要进行修改，上网的设备管理员需要使用强口令，并且定期更改，防止使用弱口令以阻止非法用户获得管理员权限从而入侵个人设备；

④ 还有一些常见的操作可以采用，例如禁用共享功能、安装防病毒软件、访问安全性高的网站等。

4.7　项 目 实 训

实训 4.7.1　无线网设计初步

✦ 实训目的

(1) 了解组建无线网的所用设备；

(2) 掌握组网设备的安装与配置方法；

(3) 掌握组建一个有结构的无线局域网的步骤。

✦ 实训环境

装有 Cisco Packet Tracer 6.0 环境的 PC，并连接 Internet。

✦ 实训内容及步骤

1. 认识组建无线网所用的设备

组建无线网所用的设备如图 4.1 所示。

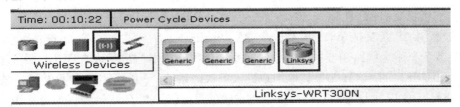

图 4.1　组建无线网所用的设备

2. 无线路由器(Linksys WRT300N)联网配置

(1) 配置实例拓扑图，如图 4.2 所示。

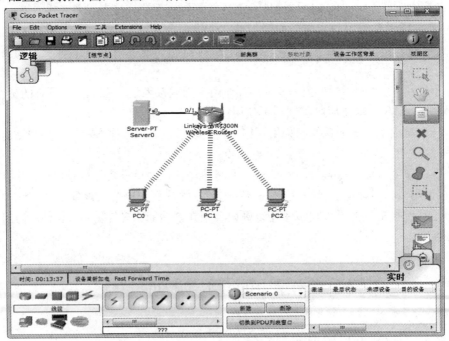

图 4.2　拓扑图

说明：

① 无线路由器 Linksys WRT300N 有 4 个 RJ45 插口、1 个 WAN 口和 4 个 LAN Ethernet 口。

② 计算机都需要手动添加无线网卡模块。计算机添加了无线网卡后会自动与 Linksys WRT300N 相连。

③ Server0 是一台服务器，上面运行着 Web 服务程序，与无线路由器的 Ethernet 端口相连。

(2) 配置过程：首先添加所用设备，如图 4.3 所示；然后分别为 3 台 PC 添加无线网卡。

图 4.3 添加所用设备

① 关闭电源：单击图 4.4 中椭圆形框内的红色按钮。

② 移去计算机中的有线网卡，按箭头方向拖动，如图 4.4 所示。

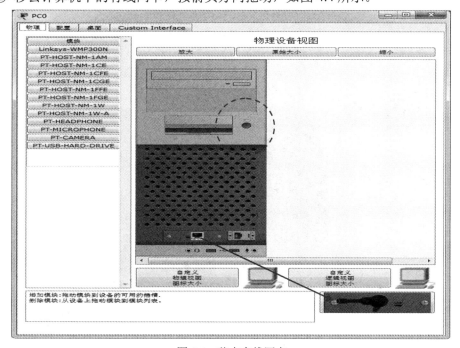

图 4.4 移去有线网卡

③ 此时插槽为空，如图4.5所示。

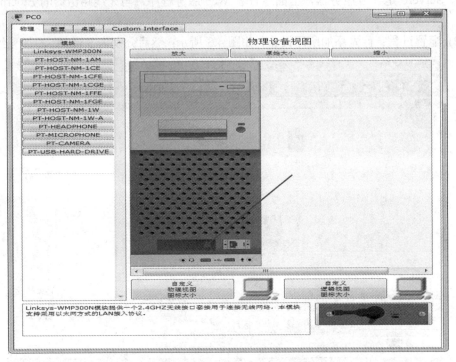

图 4.5　移除有线网卡后插槽为空

④ 拖动添加无线网卡：将 Linksys-WMP300N 拖动到有线网卡区，如图 4.6 所示。

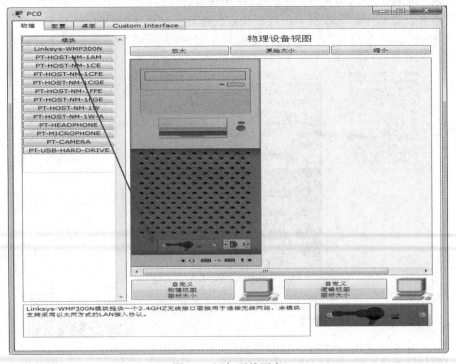

图 4.6　添加无线网卡

⑤ 重新开启电源。

⑥ 测试联通性。当3台PC安装好无线网卡后，会自动获得IP(无线路由器默认开启DHCP服务)。PC 到路由器之间的省略线，表示已经连接到了无线路由器，这样就可以正常通信了，如图4.7所示。

图 4.7　联通性测试

(3) 配置 Linksys WRT300N。

① 在任意一台 PC 上双击"WEB 浏览器"图标，打开 Web 浏览器，如图 4.8 所示。然后在地址栏里输入 http://192.168.0.1，按回车键。

图 4.8　在浏览器中测试

② 在弹出的登录窗口中，用户名和密码都是 admin，如图 4.9 所示。为了确保安全，稍后可以设置一个新密码，在 Web 设置的"Administration"菜单下面的"Management"选项中进行设置。然后单击"确定"按钮。

图 4.9　输入用户名和密码

③ 在 Web 管理界面进行相关配置，如图 4.10 所示。以 Web 的方式配置 Linksys WRT300N。

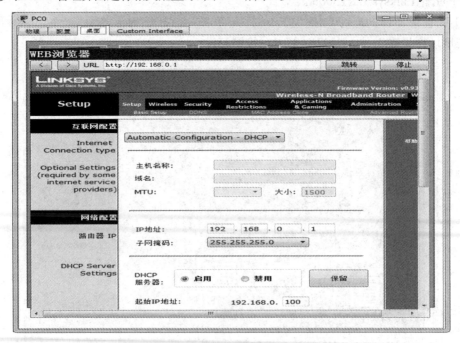

图 4.10　在 Web 界面进行配置

④ 单击"Wireless"菜单，配置 WLAN 的 SSID，如图 4.11 所示。其中，SSID(Service Set Identifier)为服务设置标识，即无线网络名称，无线路由器与计算机无线网卡的 SSID 相同。

图 4.11　配置 SSID

⑤ 单击"Wireless Security"菜单，配置 WEP 加密密钥，如图 4.12 所示。然后单击"保存配置"按钮。

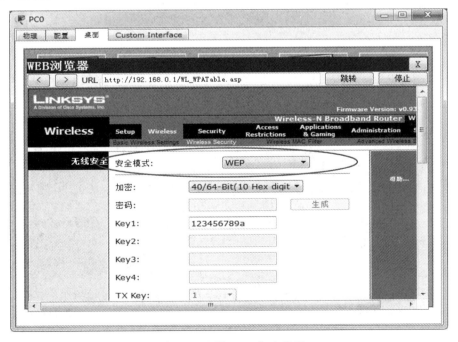

图 4.12　配置 WEP 加密秘钥

⑥ 在路由器中配置 MAC 地址过滤，如图 4.13 所示。然后单击"保存配置"按钮。

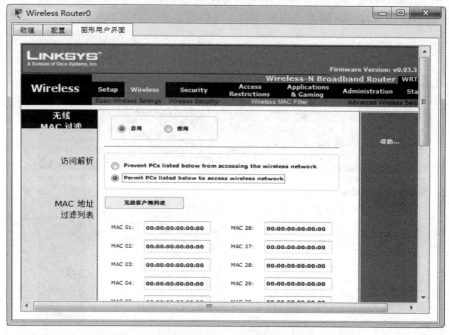

图 4.13　MAC 地址过滤

这时可看到 PC 与路由器之间的连接断掉了，因为刚才设置了密码，如果需要重新建立连接，只有输入的密码正确才能建立连接。

(4) 建立连接。这里以 PC1 与路由器的连接为例进行说明，具体操作步骤如下：

① 单击 PC1，打开 PC1 的配置对话框，如图 4.14 所示。

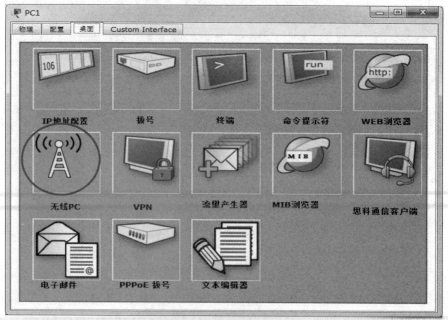

图 4.14　PC1 的配置对话框

② 单击"无线 PC"图标，弹出如图 4.15 所示的对话框，可以看到连接状态是未连接的。

图 4.15　无线 PC 配置界面

③ 单击"Connect"选项卡，如图 4.16 所示。单击"Connect"按钮，进入下一步。

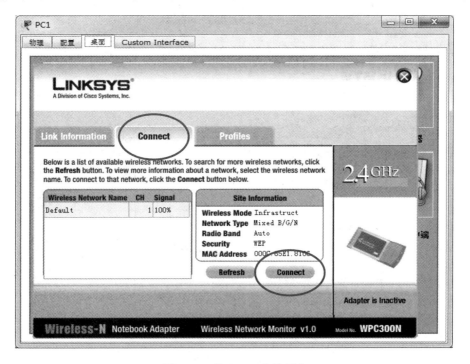

图 4.16　"Connect"选项卡

④ 弹出如图 4.17 所示的对话框,在"WEP Key1"文本框中输入刚才设定的密码(如 123456789a)。单击"Connect"按钮建立连接。

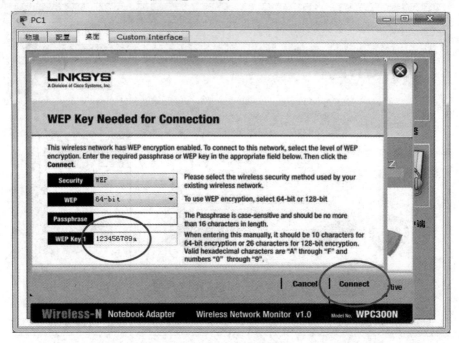

图 4.17　输入密码

⑤ 单击"Link Information"选项卡,查看连接情况,如图 4.18 所示,显示连接已建立。

图 4.18　连接已建立

⑥ 此时 PC1 和路由器的 LAN 口是联通的，如图 4.19 所示。

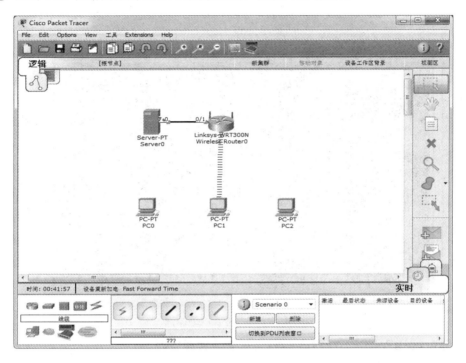

图 4.19 PC1 和路由器联通

⑦ 联通测试，如图 4.20 所示。

图 4.20 联通测试

⑧ 与服务器相连，联通测试如图 4.21 所示。

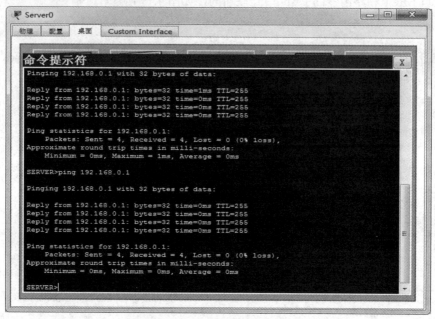

图 4.21　与服务器联通测试

3. 用 AccessPoint-PT(桥接器)组建及配置无线局域网

在模拟器中有 3 个型号的 AccessPoint-PT 设备，它们在 MAC 层主要扮演无线工作站与有线局域网络的桥梁。有了 AP，就像有线网络的 Hub 一般，无线工作站可以快速且轻易地与网络相连。

AccessPoint-PT 初级设备不能进行配置，无 DHCP 服务器，但是可以进行加密设置。它有两个端口 Port0、Port1，Port0 连接互联网，Port1 作为无线局域网端口，可以设置加密类型等。

用 AccessPoint-PT 设备配置如图 4.22 所示的无线局域网，其中网工 1001 上网使用 Access Point0，它可以访问网工 1002 的计算机，网工 1002 上网使用 Access Point1。

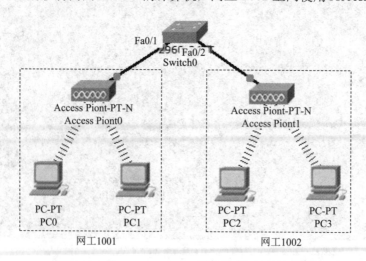

图 4.22　用 AccessPoint-PT(桥接器)组建无线网拓扑

问题：

(1) 要使网工 1001 不可以访问网工 1002 的计算机，怎么设置？

(2) 为了使网工 1001 的计算机更安全地访问网工 1002 的计算机，怎么设置？

实训 4.7.2　无线网络设计与组建

✦ 实训目的

(1) 了解组建无线网络的流程(需求分析、确定网络组件、无线设备的选择、确定 AP 位置、设计鉴定、设计文件、购买设备等)；

(2) 掌握无线网络的设计及实现方法。

✦ 实训环境

装有 Cisco Packet Tracer 环境的 PC，并连接 Internet。

✦ 实训内容及步骤

实验拓扑结构如图 4.23 所示。ISP 的 f 0/0 端口与无线路由器的 Internet 端口(0/0)相连。在 ISP 及 Server 上分别添加串口，如图 4.24 所示。

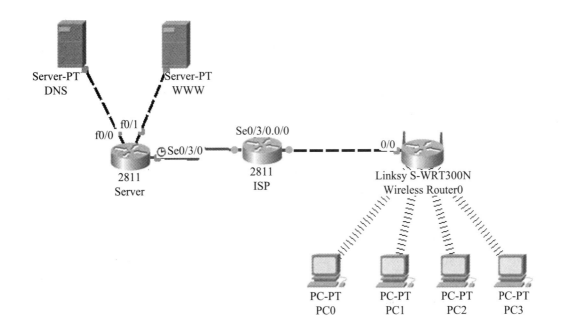

图 4.23　实验拓扑结构

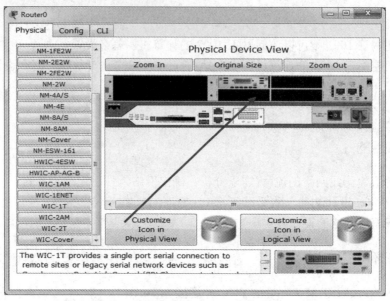

图 4.24　在 ISP 及 Server 上分别添加串口

在路由器 Server 上接 1 台 DNS 服务器和 1 个 WWW 服务器，现在用路由器 ISP 模拟公司的路由器，在其上接 1 台 WRT300N 的无线路由器。下面 4 台 PC 通过添加无线网卡连接到无线路由器上，然后通过公司内部的路由器访问外面的 WWW 服务器。

(1) 配置路由器 ISP，代码如下：

```
Router>en
Router#conf t
Router(config)#no ip domain-lookup   //关闭域名查找，以减少错误输入时路由器查找主机的时间
Router(config)#line con 0
Router(config-line)#logg syn          //配置 Console 信息显示自动换行
Router(config-line)#exec-timeout 0 0
Router(config-line)#exit
Router(config)#int s0/3/0
Router(config-if)#ip add 202.1.1.1 255.255.255.0      //S0/3/0 端口 IP 设置
Router(config-if)#ip nat outside
Router(config-if)#no shut
Router(config-if)#int f0/0
Router(config-if)#ip add 192.168.1.1 255.255.255.0
Router(config-if)#ip nat inside
Router(config-if)#no shut
Router(config-if)#exit
Router(config)#access-list 1 permit 192.168.1.0 0.0.0.255
Router(config)#ip nat inside source list 1 interface s0/3/0 overload
Router(config)#ip route 0.0.0.0 0.0.0.0 s0/3/0
Router(config)#exit
```

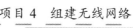

Router#

(2) 配置路由器 Server，代码如下：

Router#conf t

Router(config)#no ip domain-lookup

Router(config)#line con 0

Router(config-line)#logg syn

Router(config-line)#exec-timeout 0 0

Router(config-line)#exit

Router(config)#int s0/3/0

Router(config-if)#ip add 202.1.1.2 255.255.255.0

Router(config-if)#no shut

Router(config-if)#clock rate 64000

Router(config-if)#

Router(config-if)#exit

Router(config)#int f0/0

Router(config-if)#ip add 202.2.2.2 255.255.255.0

Router(config-if)#no shut

Router(config-if)#int f0/1

Router(config-if)#ip add 202.3.3.3 255.255.255.0

Router(config-if)#no shut

Router(config-if)#exit

Router(config)#

(3) 配置 DNS 服务器，如图 4.25 所示。

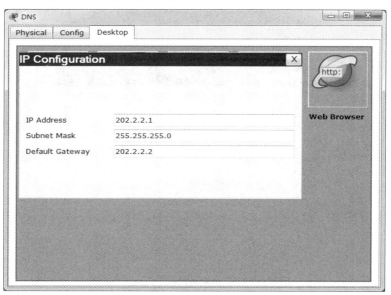

图 4.25 配置 DNS 服务器

在这里做一个域名解析(如图 4.26 所示)，以便后面公司内部的 4 台 PC 通过这个域名访问 WWW 服务器。

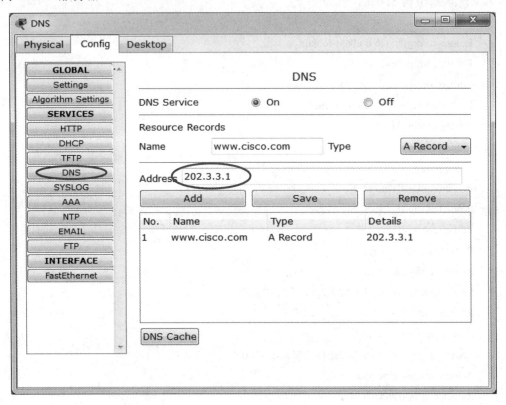

图 4.26　域名解析

(4) 配置 WWW 服务器，如图 4.27 所示。

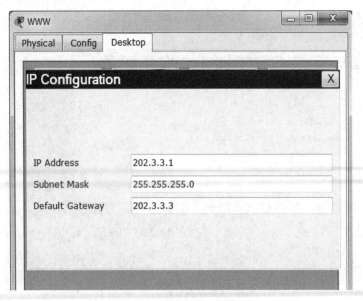

图 4.27　配置 WWW 服务器

WWW 服务默认是开启的，如图 4.28 所示，这里不必操作。

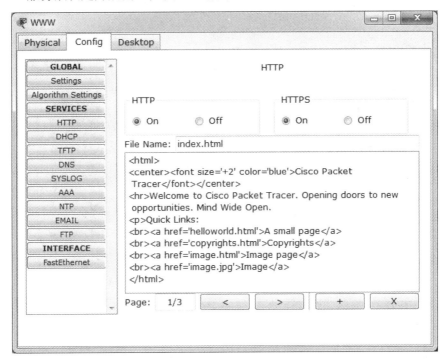

图 4.28　开启 WWW 服务

(5) 配置无线路由器，如图 4.29 所示。

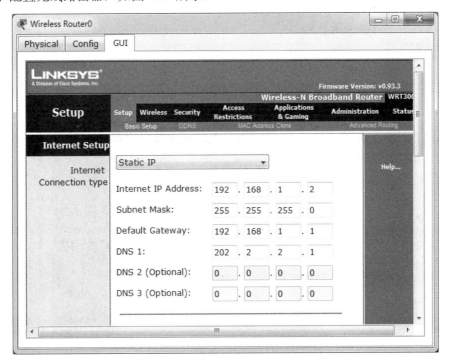

图 4.29　配置无线路由器

下拉图 4.29 所示右侧滑条，配置 DHCP 功能，给通过无线或者有线接入进来的用户自动分配 IP 地址，如图 4.30 所示。注意：配置完了须单击"Save Settings"(保存配置)，不然配置不生效。

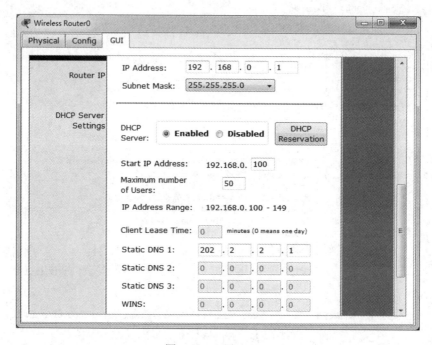

图 4.30　配置 DHCP

然后进入"Wireless"无线配置，如图 4.31 所示。Mixed 表示混合型，不管是 A、B 还是 G，哪种类型都可以使用。

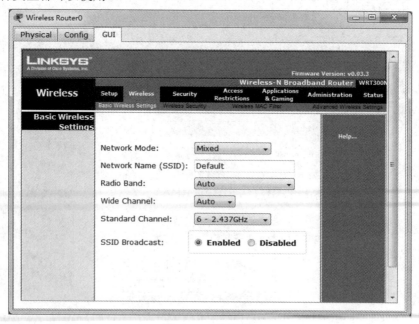

图 4.31　无线配置

>。]

再设置加密无线网络(默认是禁用的)，如图 4.32 所示。设置好后单击"保存"。

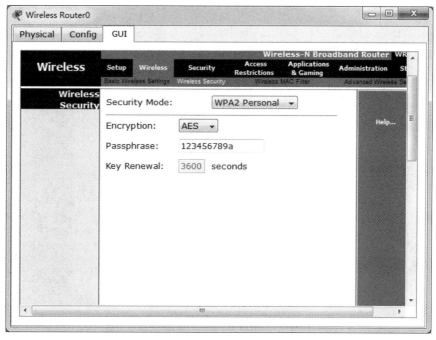

图 4.32　设置加密无线网络

然后将某一台 PC 放在 DMZ(Demilitarized Zone，隔离区)区域，以供外网来进行访问，如图 4.33 所示。

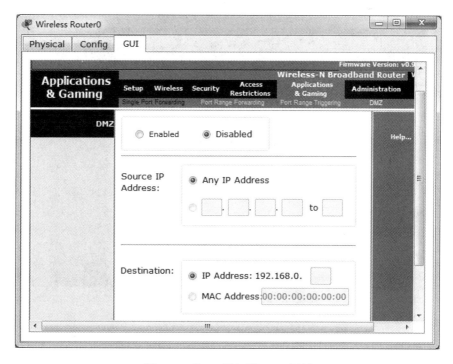

图 4.33　将 PC 添加到 DMZ 区域

下面可设置管理员密码、是否允许远程管理等，如图 4.34 所示。

图 4.34 设置管理员密码等

查看当前状态信息，如图 4.35 所示。

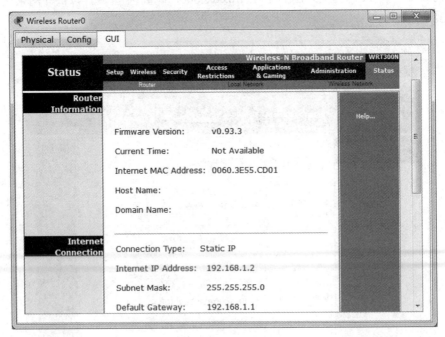

图 4.35 查看当前状态信息

(6) 联通 PC。PC 配置界面如图 4.36 所示。首先，为 4 台 PC 添加无线网卡，然后，输入口令后联通路由器。

图 4.36　PC 配置界面

① 单击"Connect"选项，再单击"Connect"按钮，如图 4.37 所示。

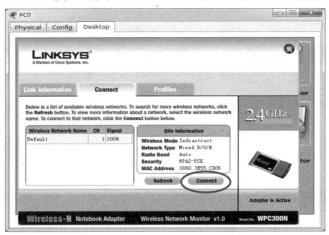

图 4.37　"Connect"选项界面

② 弹出如图 4.38 所示界面，在"Pre-shared Key"中输入口令，单击"Connect"按钮。

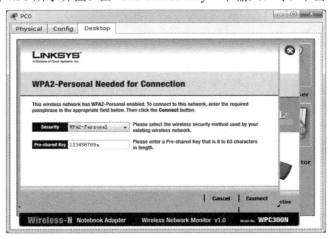

图 4.38　"Pre-shared Key"配置

③ 在 "Link Information" 选项卡中, 显示了一个广播的形式, 表示 PC0 与无线路由器已连接, 如图 4.39 所示。

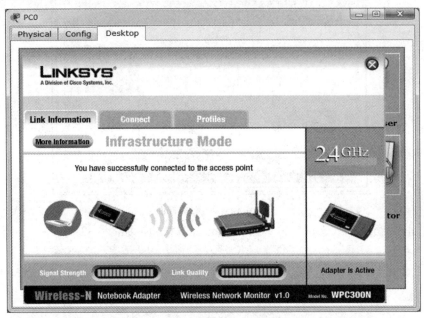

图 4.39　连接完成

(7) 测试联通性。在 PC0 上能够看到从无线路由器处分配到的 IP 地址以及网关、DNS 等信息, 如图 4.40 所示。

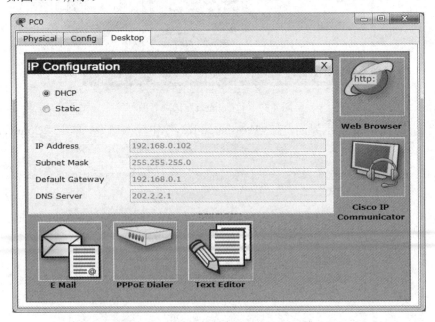

图 4.40　测试联通性

在 PC0 上能够访问 WWW 服务器, 而且 DNS 已生效, 直接输入 "http://www.cisco.com" 也能够进行解析, 如图 4.41 所示。

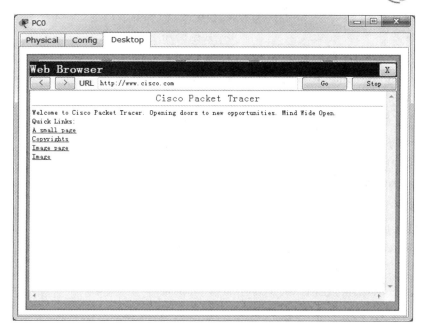

图 4.41　在 PC0 上访问 WWW 服务器

小　结

无线网络的出现解决了有线网络无法克服的困难。虽然无线网络有诸多优势，但与有线网络相比，它也有很多不足。无线网络速率较慢、价格较高，因而它主要面向有特定需求的用户。目前，无线局域网还不能完全脱离有线网络，无线网络与有线网络是互补的关系，而不是竞争；无线网络还只是有线网络的补充，而不是替换。但也应该看到，近年来，适用于无线局域网产品的价格正逐渐下降，相应软件也逐渐成熟。此外，无线局域网已能够通过与广域网相结合的形式提供移动互联网的多媒体业务。未来，无线局域网将以它的高速传输能力和灵活性发挥更加重要的作用。

习　题

1. 选择题

(1) 缩略语(　　)用于表示可为单个用户提供 10 m 覆盖范围的网络。

A. WWAN　　　　B. WLAN　　　　C. WMAN　　　　D. WPAN

(2) 一个学生在自习室里使用无线连接到他的实验合作者的笔记本电脑，他正在使用的无线模式是(　　)。

A. Ad-Hoc 模式　　　　　　　　B. 基础结构模式

C. 固定基站模式　　　　　　　　D. 漫游模式

(3) 天线主要工作在 OSI 参考模型的(　　)。

A. 物理层　　　　　　　　　　　　B. 数据链路层

C. 网络层　　　　　　　　　　　　D. 传输层

(4) 关于 Infrastructure 模式的无线网络，下列说法正确的是(　　)。

A. 网络至少有一个基站或者接入点

B. 不同基站或接入点管辖下的终端之间的通信必须通过基站或接入点来转接

C. 同一基站或接入点管辖下的终端之间可以直接进行通信

D. 网络中所有站点的角色都相同

(5) 无线网络的数据链路层包含(　　)。

A. 逻辑链路控制子层　　　　　　　B. 能量管理子层

C. 媒体访问控制子层　　　　　　　D. 物理层会聚过程子层

(6) 如果 AP 发射功率为 100 mW，那么对应的 dBm 值是(　　)。

A. 20 dBm　　　　B. 18 dBm　　　　C. 16 dBm　　　　D. 10 dBm

(7) 使用 2.4 GHz 的 IEEE 802.11b/g 协议，其不重叠信道最多有(　　)个。

A. 1　　　　　　B. 3　　　　　　C. 13　　　　　　D. 11

2. 填空题

(1) WLAN 系统架设中天线的选择：如狭长地带可以选择定向天线；开阔地带可用_____。

(2) AP 类型根据组网方式分，一般可分为_____和_____两种。

(3) WLAN 网线线序是：_____。

(4) 室分型 AP 设备可以设置的最大输出功率为_____dBm。

(5) 对 AP 的干扰有_____等，因此安装 AP 时应尽量避开干扰源。

(6) 在安装 AP 的时候，要考虑以太网交换机与 AP 之间_____m 的距离限制。

3. 简答题

(1) 无线局域网通信方式主要有哪几种，具体内容是什么？

(2) IEEE 802.11MAC 层报文可以分成几类，每种类型的用途是什么？

项目 5
网络服务系统的部署

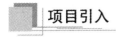

项目引入

　　小明想在网络中为用户提供如文件共享等基础网络服务，为了实现各种网络服务，就需要安装网络操作系统 Windows Server 2019。网络操作系统是网络的"心脏"和"灵魂"，是向网络计算机提供网络通信和网络资源共享的重要基础之一。它是负责管理整个网络资源和方便网络用户的软件的集合。由于网络操作系统运行在服务器上，所以也把它称为服务器操作系统。

学习目标

- 了解网络操作系统；
- 掌握 Windows Server 2019 的安装方法；
- 掌握 DNS 服务器、DHCP 服务器、Web 服务器、FTP 服务器的配置方法。

5.1　网络操作系统概述

　　网络操作系统(Net Operation System，NOS)是一种运行在网络硬件基础上的网络操作和管理软件，它为用户提供方便而有效地使用和管理网络资源的网络接口和网络服务，完成网络共享系统资源的管理，并提供网络系统的安全性服务。

　　计算机操作系统承担着一个计算机中的任务调度及资源管理与分配，而网络操作系统则承担着整个网络范围内的任务管理及资源管理与分配任务。相对单机操作系统而言，网络操作系统的内容要复杂得多，它必须帮助用户对网络中的资源进行有效的利用和开发，对网络中的设备进行存取访问，并支持各用户间的通信，所以它提供的是更高一级的服务。除此之外，它还必须兼顾网络协议，为协议的实现创造条件和提供支持。作为网络用户和计算机网络之间的接口，一个典型的网络操作系统一般具有以下特征。

1. 硬件独立

硬件独立就是说 NOS 应当独立于具体的硬件平台，可以运行于各种硬件平台之上。例如，既可以运行于基于 X86 的 Intel 系统，也可以运行于基于 RISC 精简指令集的系统 DEC Alpha，MIPS R 4000 等。用户进行系统迁移时，可以直接将基于 Intel 系统的机器平滑地转移到 RISC 系列主机上，不必修改系统。

2. 网络特性

网络特性就是 NOS 应能管理计算机网络资源并提供良好的用户界面。NOS 运行于网络上，为用户方便而有效地使用网络资源提供各种网络服务，如文件服务、打印服务、记账服务、电子邮件服务、网关服务、数据库服务及目录服务等，并允许新的网络服务不断集成到系统中。

3. 网络的安全与可靠性

网络操作系统应提供完备的网络安全性措施，以控制对网络资源的访问。用户能够根据网络操作系统提供的安全性来建立自己的安全性体系，对用户数据和其他资源实施保护。同时，网络操作系统还应提供强有力的网络可靠性措施，最大限度地保证网络系统的稳定和可靠运行，对网络的关键部件(如文件服务器)提供必要的系统容错能力。

4. 网络的兼容性

网络操作系统应支持广泛的客户系统，允许用户使用各种不同客户操作系统注册入网，共享网络资源。客户操作系统包括 Windows 系列、UNIX/Linux 等。

5. 具有并发处理能力

网络操作系统应支持多任务处理，提供标准的文件管理操作、多用户并发访问的控制能力，以及支持 SMP(Symmetrical Multi-Processing，对称多处理)技术等，这些都是对网络操作系统的基本要求。

6. 可移植性和可集成性

具有良好的可移植性和可集成性也是网络操作系统必须具备的特征。目前，可供选择的网络系统多种多样，主流的网络操作系统有 Windows Server 2019、UNIX/Linux 等。

下面将结合 Windows Server 2019 来介绍网络操作系统的部署。

5.2　Windows Server 2019 的安装与配置方法

下载 VMware-workstation-full-17.0.0-20800274.exe 虚拟机安装文件和 Windows Server 2019.iso 操作系统文件。先安装虚拟机，然后在虚拟机上安装 Windows Server 2019 操作系统。

(1) 在 VMWare Workstation 上，选择"创建新的虚拟机"，如图 5.1 所示。

图 5.1   创建虚拟机

(2) 设置虚拟机类型，选择"典型"→"下一步"，如图 5.2 所示。

图 5.2   选择虚拟机类型

(3) 虚拟机如同物理机，需要操作系统。选择"稍后安装操作系统"→"下一步"，如图 5.3 所示。选择"稍后安装操作系统"选项，通常适用于以下情况：

① 已经拥有操作系统的安装光盘或镜像文件，希望使用它来安装操作系统；

② 虚拟机软件不支持您要安装的操作系统，因此您需要手动安装；

③ 您需要对操作系统进行自定义设置和配置，例如选择特定的安装选项、安装自定义的软件、配置网络等。

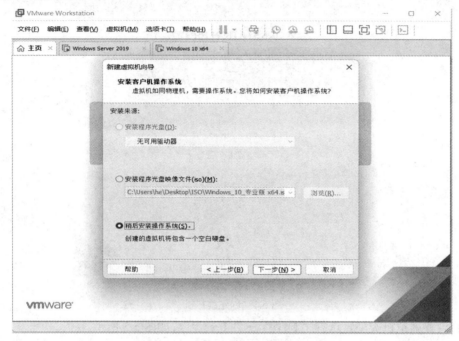

图 5.3　选择客户机操作系统安装来源

(4) 选择"Microsoft Windows(W)"，版本选"Windows Server 2019"，然后单击"下一步"，如图 5.4 所示。

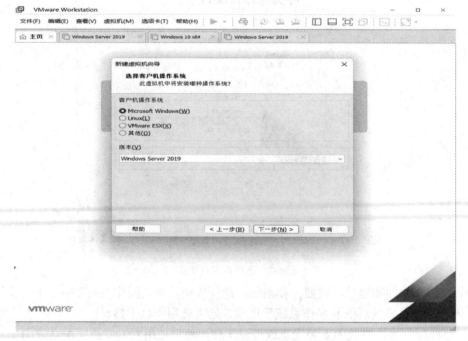

图 5.4　选择客户机操作系统及其版本

(5) 为新安装的虚拟机命名。设置"虚拟机名称(V)"和"位置(L)"→"下一步",如图 5.5 所示。

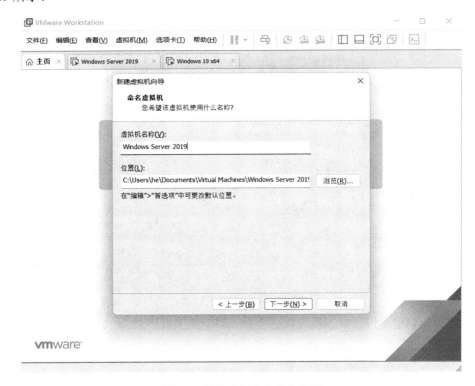

图 5.5　设置虚拟机名称和位置

(6) 设置磁盘大小(根据自己需要设置大小),选择"将虚拟机磁盘存储为单个文件(O)"→"下一步",如图 5.6 所示。

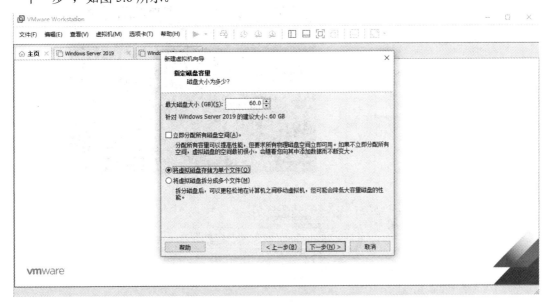

图 5.6　指定虚拟磁盘容量

(7) 单击"完成"创建虚拟机,如图 5.7 所示。

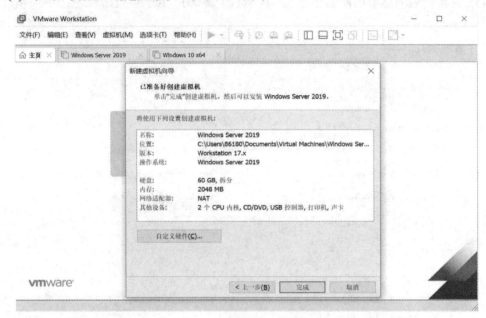

图 5.7　完成虚拟机创建

(8) 虚拟机创建后进行虚拟机设置。选择"编辑虚拟机设置",如图 5.8 所示。

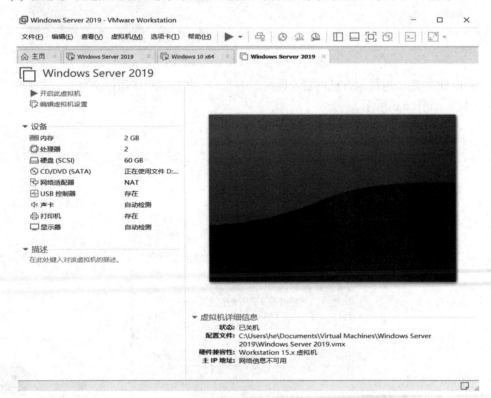

图 5.8　编辑虚拟机设置

(9) 设置分配给此虚拟机的运行内存，根据自己的需要设置大小，如图 5.9 所示。

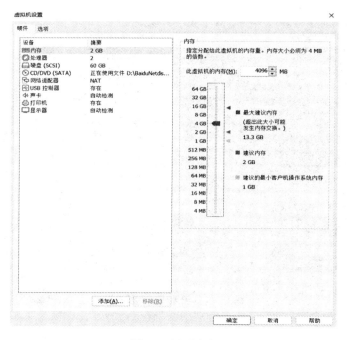

图 5.9　设置内存

(10) 添加映像文件。选择"CD/DVD"→"使用 ISO 映像文件(M):"→"浏览(B)…"，选择文件位置→"确定"，如图 5.10 所示。

图 5.10　添加映像文件

(11) 设置语言，默认中文。单击"下一步"，如图 5.11 所示。

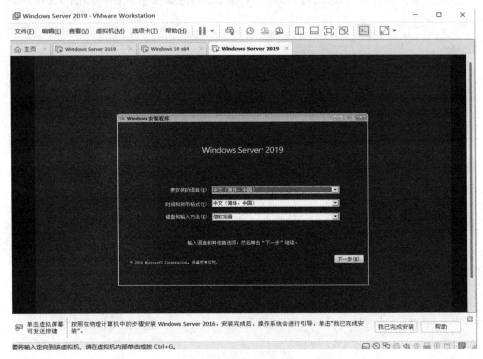

图 5.11　设置语言

(12) 选择"我没有产品密钥"→"现在安装"，如图 5.12 所示。

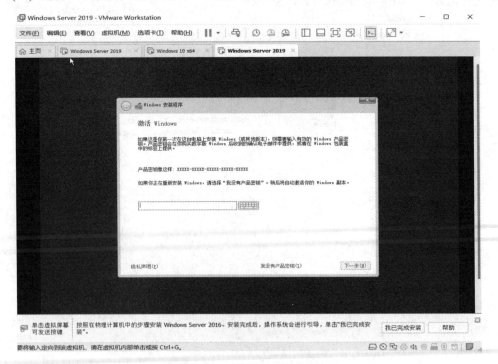

图 5.12　选择没有产品密钥

(13) 选择"Windows Server 2019 Datacenter(桌面体验)" → "下一步",如图 5.13 所示。

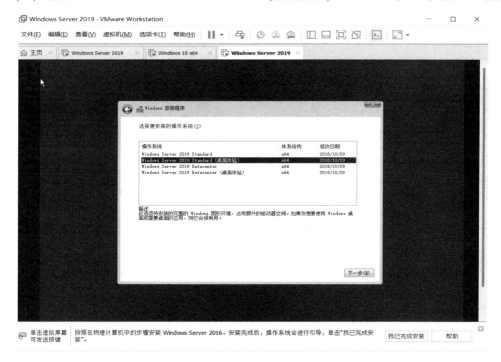

图 5.13　选择要安装的系统版本

(14) 选择"我接受许可条款" → "下一步",如图 5.14 所示。

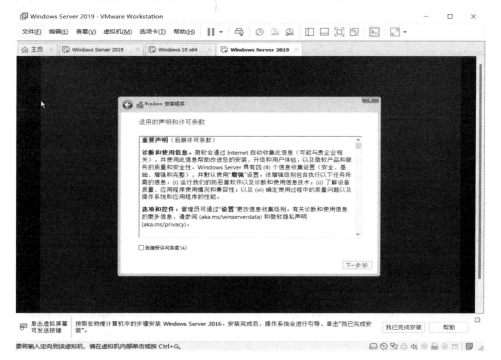

图 5.14　选择接受许可条款

(15) 选择安装的磁盘分区。若直接选择"下一步",不用再看此步骤后面的文字和步骤图,直接跳到步骤(16);若为磁盘分区,则选择"新建(E)"→"应用(P)"→"确定"→"下一步",如图 5.15 所示。

图 5.15　选择安装的磁盘分区

(16) 等待安装完成,如图 5.16 所示。

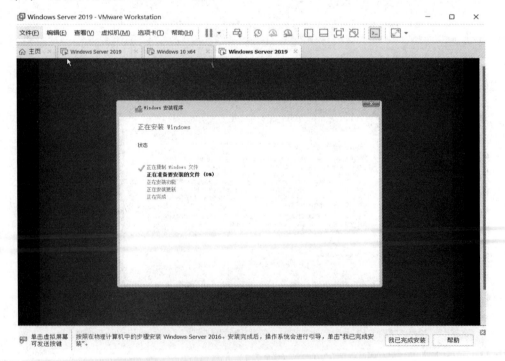

图 5.16　正在安装

(17) 设置登录密码，区分大小写，设置密码后，单击"完成"，如图 5.17 所示。

图 5.17　设置登录密码

(18) 按 Ctrl + Alt + Delete 解锁，选择"取消"，如图 5.18 所示。

注意此步需要将光标移到虚拟机中，快捷键为 Ctrl + G；若要在虚拟机外操作，则快捷键为 Ctrl + Alt。

图 5.18　安装完成

5.3　域名系统

1. 域名系统概述

域名系统(Domain Name System，DNS)是因特网上使用的命名系统，用来把便于人们使用的机器名字转换成为 IP 地址。域名系统其实就是名字系统。为什么不叫"名字"而叫"域名"呢？这是因为在这种命名系统中使用了许多的"域"。

我们都知道，IPv4 地址是由 32 位的二进制数字组成的。用户与因特网上某台主机通信时，显然不愿意使用很难记忆的长达 32 位的二进制主机地址，即使是采用"点分十进制"表示的 IP 地址也并不太容易记忆。相反，用户更愿意使用比较容易记忆的主机名字即域名。但是，机器在处理 IP 数据报时，并不是使用域名而是使用 IP 地址。这是因为 IP 地址长度固定，而域名的长度不固定，机器处理起来比较困难。

因为因特网规模很大，所以整个因特网只使用一个域名服务器显然是不行的。早在 1983 年，因特网就开始采用层次树状结构的命名方法，使用分布式的域名系统，并采用客户服务器方式。DNS 使大多数名字都在本地解析，仅有少量解析需要在因特网上通信，因此 DNS 系统的效率很高。由于 DNS 是分布式系统，即使单个计算机出了故障，也不会妨碍整个 DNS 系统的正常运行。

域名到 IP 地址的解析是由分布在因特网上的许多域名服务器程序共同完成的。域名服务器程序在专设的节点上运行，而人们也常把运行域名服务器程序的机器称为域名服务器。

域名到 IP 地址的解析过程如下：

(1) 当某一个应用需要把主机名解析为 IP 地址时，该应用进程就调用解析程序，并被称为 DNS 的一个客户，把待解析的域名放在 DNS 请求报文中，以 UDP 用户数据报方式发给本地域名服务器。

(2) 本地域名服务器在查找域名后，把对应的 IP 地址放在回答报文中返回。应用程序获得目的主机的 IP 地址后即可进行通信。

(3) 若本地域名服务器不能回答该请求，则此域名服务器就暂时被称为 DNS 的另一个客户，并向其他域名服务器发出查询请求。

2. 域名结构

由于因特网的用户数量较多，因此因特网在命名时采用的是层次树状结构的命名方法。任何一个连接在因特网上的主机或路由器，都有一个唯一的层次结构的名字，即域名。这里，"域"是名字空间中一个可被管理的划分。

从语法上讲，每一个域名都由标号(Label)序列组成，而各标号之间用点(小数点)隔开。如 mail.cctv.com 是中央电视台用于收发电子邮件的计算机的域名，它由 3 个标号组成，其中标号 com 是顶级域名，标号 cctv 是二级域名，标号 mail 是三级域名。

DNS 规定，域名中的标号都由英文和数字组成，每一个标号不超过 63 个字符(为了记忆方便，一般不会超过 12 个字符)，也不区分大小写字母。级别最低的域名写在最左边，而级别最高的域名写在最右边。由多个标号组成的完整域名总共不超过 255 个字符。

　　DNS 既不规定一个域名需要包含多少个下级域名，也不规定每一级域名代表什么意思。各级域名由其上一级的域名管理机构管理，而最高的顶级域名则由互联网名称与数字地址分配机构(Internet Corporation for Assigned Names and Numbers，ICANN)进行管理。用这种方法可使每一个域名在整个互联网范围内是唯一的，并且也容易设计出一种查找域名的机制。

3. 域名服务器

　　采用上述的树状结构，如果每一个节点都采用一个域名服务器，这样会使得域名服务器的数量太多，使域名服务器系统的运行效率降低。因此在 DNS 中，采用划分区的方法来解决。

　　一个服务器所负责管辖(或有权限)的范围叫作区(Zone)。各单位根据具体情况来划分自己管辖范围的区。但在一个区中的所有节点必须是能够连通的。每一个区设置相应的权限域名服务器，用来保存该区中的所有主机到域名 IP 地址的映射。

　　总之，DNS 服务器的管辖范围不是以"域"为单位，而是以"区"为单位。区是 DNS 服务器实际管辖的范围。

　　图 5.19 是区的不同划分方法的举例。假定 abc 公司有下属部门 x 和 y，部门 x 下面又分 3 个分部门 u,v,w，而 y 下面还有下属部门 t。图(a)表示 abc 公司只设一个区 abc.com。这时，区 abc.com 和域 abc.com 指的是同一件事。但图(b)表示 abc 公司划分为两个区：abc.com 和 y.abc.com。这两个区都隶属于域 abc.com，都设置了相应的权限域名服务器。不难看出，区是域的子集。

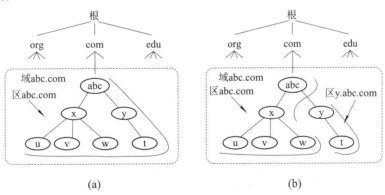

图 5.19　域名树状结构图

　　因特网上的 DNS 服务器也是按照层次安排的。每一个域名服务器只对域名体系中的一部分进行管辖。根据域名服务器所起的作用，可以把域名服务器划分为下面四种不同的类型。

　　(1) 根域名服务器：最高层次的域名服务器，也是最重要的域名服务器。所有的根域名服务器都知道所有的顶级域名服务器的域名和 IP 地址。不管是哪一个本地域名服务器，若要对因特网上一个域名进行解析，只要自己无法解析，就首先求助根域名服务器。所以根域名服务器是最重要的域名服务器。假定所有的根域名服务器都瘫痪了，那么整个 DNS 系统就无法工作。需要注意的是，在很多情况下，根域名服务器并不直接把待查询的域名直接解析出 IP 地址,而是告诉本地域名服务器下一步应当找哪一个顶级域名服务器进行查询。

(2) 顶级域名服务器:负责管理在该顶级域名服务器注册的二级域名。

(3) 权限域名服务器:负责一个"区"的域名服务器。

(4) 本地域名服务器:本地域名服务器不属于图 5.19 的域名服务器的层次结构,但是它对域名系统非常重要。当一个主机发出 DNS 查询请求时,这个查询请求报文就发送给本地域名服务器,从根域名服务器查到顶级域名服务器的 NS(Name Server,域名服务器)记录和 A(Adress)记录(IP 地址),从顶级域名服务器查到次级域名服务器的 NS 记录和 A 记录(IP 地址),从次级域名服务器查出主机名的 IP 地址。

4. 域名的解析过程

(1) 主机向本地域名服务器的查询一般都采用递归查询。所谓递归查询,是指如果主机所询问的域名,本地域名服务器不知道其对应的 IP 地址,那么本地域名服务器就以 DNS 客户的身份,向其他根域名服务器继续发出查询请求报文(即替主机继续查询),而不是让主机自己进行下一步查询。因此,递归查询返回的查询结果是所要查询的 IP 地址,或者是报错,表示无法查询到所需的 IP 地址。

(2) 本地域名服务器向根域名服务器的查询采用迭代查询。迭代查询的特点:当根域名服务器收到本地域名服务器发出的迭代查询请求报文时,要么给出所要查询的 IP 地址,要么告诉本地服务器下一步应当向哪一个域名服务器进行查询,然后让本地服务器进行后续的查询。根域名服务器通常是把自己知道的顶级域名服务器的 IP 地址告诉本地域名服务器,让本地域名服务器再向顶级域名服务器查询。顶级域名服务器在收到本地域名服务器的查询请求后,要么给出所要查询的 IP 地址,要么告诉本地服务器下一步应当向哪一个权限域名服务器进行查询。最后,知道了所要解析的 IP 地址或者报错,然后把这个结果返回给发起查询的主机。

5.4　DHCP 服务

1. 了解 DHCP 服务

DHCP(Dynamic Host Configuration Protocol,动态主机配置协议)是专门用于为 TCP/IP 网络中的计算机自动分配 TCP/IP 参数的协议。

DHCP 服务避免了因手动设置 IP 地址所产生的错误,同时避免了把一个 IP 地址分配给多台工作站所造成的地址冲突。DHCP 提供了安全、可靠且简单的 TCP/IP 网络设置,降低了配置 IP 地址的负担。

2. 使用 DHCP 服务的优点

由于上网时间的不确定性以及使用人员的技术水平不一,为每位用户分配一个固定的 IP 地址,不仅造成了 IP 地址的浪费,而且为 ISP 服务商带来高额的维护成本。使用 DHCP 服务有以下优点:

(1) 减少管理员的工作量;

(2) 避免输入错误的可能；

(3) 避免 IP 地址冲突；

(4) 当网络更改 IP 地址段时，不需要再重新配置每个用户的 IP 地址；

(5) 提高了 IP 地址的利用率；

(6) 方便客户端的配置。

3. DHCP 的分配方式

DHCP 的典型应用模式为：在网络中架设一台专用的 DHCP 服务器，负责集中分配各种网络地址参数，主要包括 IP 地址、子网掩码、广播地址、默认网关地址、DNS 服务器地址；其他主机作为 DHCP 客户机，将网卡配置为自动获取地址，即可与 DHCP 服务器进行通信，完成自动配置过程。

在 DHCP 的工作原理中，DHCP 服务器提供了三种 IP 地址分配方式：

(1) 自动分配(Automatic Allocation)。在自动分配中，不需要进行任何的 IP 地址手工分配。当 DHCP 客户机第一次向 DHCP 服务器租用到 IP 地址后，这个地址就永久地分配给了该 DHCP 客户机，而不会再分配给其他客户机。

(2) 手动分配(Manual Allocation)。在手动分配中，网络管理员在 DHCP 服务器上通过手工方法配置 DHCP 客户机的 IP 地址。当 DHCP 客户机要求网络服务时，DHCP 服务器把手工配置的 IP 地址传递给 DHCP 客户机。

(3) 动态分配(Dynamic Allocation)。DHCP 服务器暂时分配给 DHCP 客户机一个具有时间限制的 IP 地址。只要时间到期，这个地址就会还给 DHCP 服务器，以供其他客户机使用。如果 DHCP 客户机仍需要一个 IP 地址来完成工作，则可以再要求另外一个 IP 地址。

4. DHCP 协议中的报文

(1) DHCP Discover：该报文是客户端开始 DHCP 过程时发送的广播包，是 DHCP 协议的开始。

(2) DHCP Offer：该报文是服务器接收到 DHCP Discover 之后作出的响应，它包括了给予客户端的 IP、客户端的 MAC 地址、租约过期时间、服务器的识别符以及其他信息。

(3) DHCP Request：该报文是客户端对于服务器发出的 DHCP Offer 所作出的响应。在续约租期时同样会使用。

(4) DHCP Ack：该报文是服务器在接收到客户端发来的 DHCP Request 之后发出的成功确认的报文。在建立连接时，客户端在接收到这个报文之后才会确认分配给它的 IP 和其他信息可以被允许使用。

(5) DHCP Noack：它是与 DHCP Ack 相反的报文，表示服务器拒绝了客户端的请求。

(6) DHCP Release：一般在客户端关机、下线等状况下出现该报文。这个报文会使 DHCP 服务器释放发出此报文的客户端的 IP 地址。

(7) DHCP Inform：它是客户端发出的向服务器请求一些信息的报文。

(8) DHCP Decline：当客户端发现服务器分配的 IP 地址无法使用(如 IP 地址冲突)时，将发出此报文，通知服务器禁止使用该 IP 地址。

5. DHCP 的租约过程

DHCP 客户机在启动时，会搜寻网络中是否存在 DHCP 服务器。如果找到，则给 DHCP

服务器发送一个请求。DHCP 服务器接到请求后，为 DHCP 客户机选择 TCP/IP 配置的参数，并将这些参数发送给客户端。这一过程即 DHCP 的租约过程。下面具体介绍 DHCP 的租约过程。

1) DHCP 四个报文交互过程

DHCP 四个报文交互过程如图 5.20 所示。

　　　　　　(1) 客户端在网络中搜索服务器　　　　　　

DHCP客户端　　　(2) 服务器向客户端响应服务　　　DHCP服务器

　　　　　　　　　(3) 客户端向目标服务器发出服务请求

　　　(4) 服务器向客户端提供服务

图 5.20　DHCP 交互过程

(1) 客户端请求 IP 地址：客户端发 DHCP Discover 广播包，如图 5.21 所示。

　　　　　DHCP服务器

DHCP客户端　　　客户端发送DHCP Discover

　　　　　　DHCP客户端广播请求IP地址
　　　　　　源IP地址：0.0.0.0
　　　　　　目标地址：255.255.255.255

图 5.21　客户端请求 IP 地址

(2) DHCP 服务器响应：DHCP 服务器发 DHCP Offer 广播包，回应客户端可用的 IP 信息(可用 IP、子网掩码、网关、DNS、租约期限)，如图 5.22 所示。

　　　DHCP服务器

DHCP客户端　　　服务器向客户端响应DHCP服务

　　　　　　DHCP服务器响应
　　　　　　源IP地址：192.168.10.10
　　　　　　目标IP地址：255.255.255.255
　　　　　　提供的IP地址：192.168.10.101

图 5.22　DHCP 服务器回应客户端

(3) 客户端发 DHCP Request 广播包：客户端向服务器请求确认可用 IP，如图 5.23 所示。

　　　DHCP服务器

DHCP客户端　　　客户机选择IP地址

　　　　　　客户端广播
　　　　　　选择DHCP服务器 (192.168.10.10)
　　　　　　源地址：0.0.0.0
　　　　　　目标地址：255.255.255.255
　　　　　　租约期限：8天

图 5.23　客户端向服务器请求确认可用 IP

此处有一种特殊情况：如果 Offer 中的 IP 被占用，服务器会直接回应 Noack，然后又从发送 Discover 报文重新开始。

(4) DHCP 服务器发 DHCP Ack 广播包，向客户端确定租约，如图 5.24 所示。

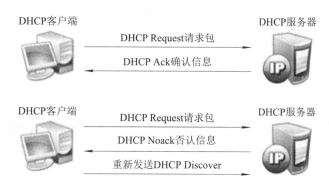

图 5.24　服务器向客户端确认 IP 可用

　　在客户端发送完 Discover 报文后，如果有两台 DHCP 服务器，谁先发 Offer 报文响应，客户端就和哪台服务器联系，但是不一定会使用这个 IP 地址，要 Request 确认可用才行，否则回应 Noack，又从发送 Discover 报文重新开始。

2) 客户机重新登录

　　租用 IP 地址以后，DHCP 客户机每次重新登录网络时，就不需要再发送 DHCP Discover 信息了，而是直接发送包含前一次所分配的 IP 地址的 DHCP Request 请求信息。当 DHCP 服务器收到这一信息后，它会尝试让 DHCP 客户端继续使用原来的 IP 地址，并回答一个 DHCP Ack 确认信息。如果此 IP 地址已无法再分配给原来的 DHCP 客户机使用，则 DHCP 服务器给 DHCP 客户机回答一个 DHCP Noack 否认信息。原来的 DHCP 客户机收到此 DHCP Noack 否认信息后，它就必须重新发送 DHCP Discover 信息来请求新的 IP 地址，如图 5.25 所示。

图 5.25　客户机重新登录

3) 租约期限

　　IP 地址的默认租约期限为 8 天，DHCP 客户机会在租期过去 50%的时候，直接向为其提供 IP 地址的 DHCP 服务器发送 DHCP Request 消息包。如果客户端接收到该服务器回应的 DHCP Ack 消息包，客户端就根据包中所提供的新的租期以及其他已经更新的 TCP/IP 参数更新自己的配置，即 IP 租用更新完成。如果没有收到该服务器的回复，则客户机继续使用现有的 IP 地址，因为当前租期还有 50%。

　　如果在租期过去 50%的时候没有更新，则 DHCP 客户机在租期过去 87.5%的时候再次向为其提供 IP 地址的 DHCP 服务器联系，如果还不成功，到租约的 100%的时候，DHCP 客户端必须放弃这个 IP 地址，重新申请。如果此时无 DHCP 服务器可用，DHCP 客户端会使用 169.254.0.0/24 中随机的一个地址，并且每隔 5 分钟再进行尝试。

　　169.254.0.0/24 是本地链路的地址，是在本地网络通信的，不通过路由器转发，因此网关为 0.0.0.0，掩码为 255.255.255.0。

5.5 项目实训

实训 5.5.1　DNS 服务器的安装与配置

✦ 实训目的

(1) 了解 DNS 服务器的主要作用和工作原理；
(2) 掌握 DNS 服务器的安装方法；
(3) 掌握 DNS 服务器的主要选项配置方法。

✦ 实训环境

(1) 服务器：Windows Server 2019，用于安装 DNS 服务器；
(2) 客户端：Windows 10，用于测试 DNS 服务器。

✦ 实训内容及步骤

1. 配置服务器的 IP 地址

打开以太网属性窗口，配置服务器的 IP 地址，如图 5.26 所示。

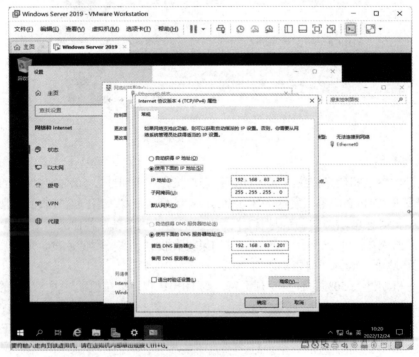

图 5.26　配置服务器的 IP 地址

2. 安装 DNS 服务

(1) 从"开始"菜单打开"服务器管理器",单击"添加角色和功能",如图 5.27 所示。

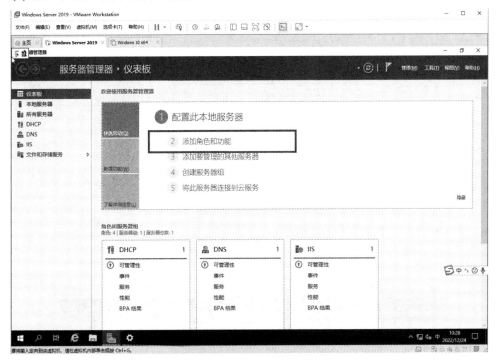

图 5.27　添加角色和功能

(2) 系统首先会提示,在安装之前需要完成的任务,如图 5.28 所示。

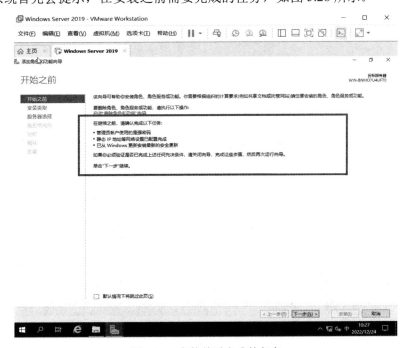

图 5.28　安装前需完成的任务

(3) 进入"选择安装类型"界面，使用默认选项"基于角色或基于功能的安装"，单击"下一步"，如图 5.29 所示。

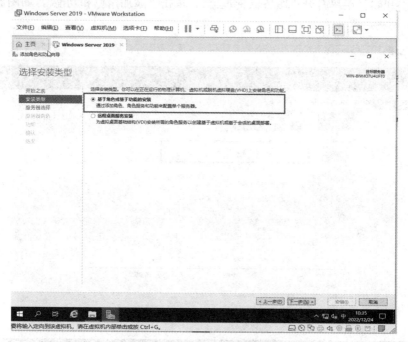

图 5.29   "选择安装类型"界面

(4) 进入"选择目标服务器"界面，选择"从服务器池中选择服务器"，选择当前服务器，单击"下一步"，如图 5.30 所示。

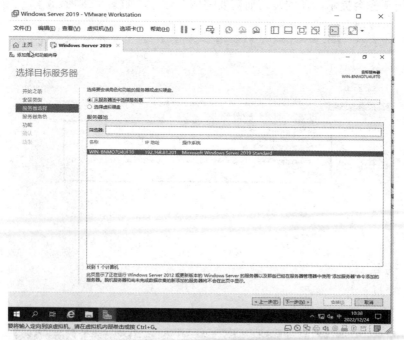

图 5.30   "选择目标服务器"界面

(5) 自动弹出"添加 DNS 服务器所需的功能"界面，单击"添加功能"，如图 5.31 所示。

图 5.31　"添加 DNS 服务器所需的功能"界面

(6) 返回"选择服务器角色"界面，确保勾选了"DNS 服务器"，如图 5.32 所示。

图 5.32　"选择服务器角色"界面

(7) 进入"选择功能"界面，不需要再添加额外的功能，保持默认选择，单击"下一步"，如图 5.33 所示。

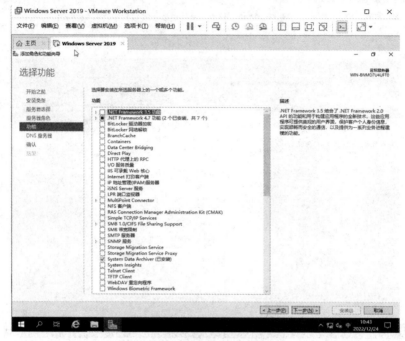

图 5.33 "选择功能"界面

(8) 进入"DNS 服务器"界面，该界面用于说明 DNS 服务器的作用及注意事项，单击"下一步"，如图 5.34 所示。

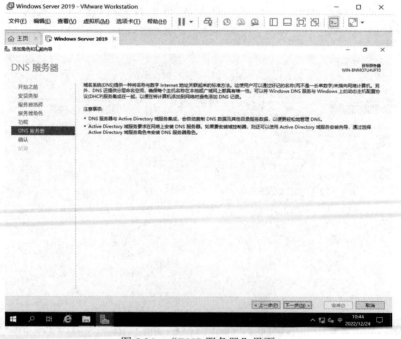

图 5.34 "DNS 服务器"界面

(9) 进入"确认安装所选内容"界面，显示出前面所选择要安装的内容，单击"安装"，如图 5.35 所示。

图 5.35　"确认安装所选内容"界面

(10) 进入"安装进度"界面，安装过程需要等待一段时间，安装完成后，会在进度条下面显示"已在***上安装成功"，如图 5.36 所示，单击"关闭"按钮。

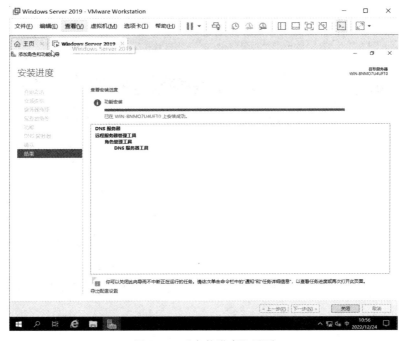

图 5.36　"安装进度"界面

(11) 返回"服务器管理器·仪表板"界面，可以看到 DNS 服务已经成功安装，如图
5.37 所示。

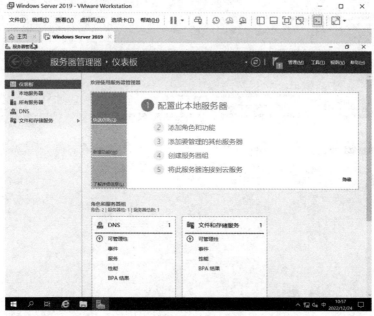

图 5.37　"服务器管理器·仪表板"界面

3. DNS 正向解析

1) 创建正向解析区

(1) 打开"服务器管理器"，单击右上角"工具"菜单，在弹出的菜单中选择"DNS"，
如图 5.38 所示。

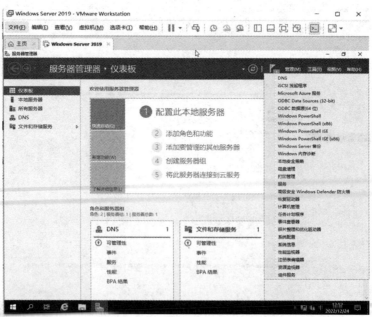

图 5.38　"服务器管理器"界面

（2）打开"DNS 管理器"界面，鼠标移到左侧的"正向查找区域"上，单击右键，在弹出的菜单中选择"新建区域(Z)..."，如图 5.39 所示。

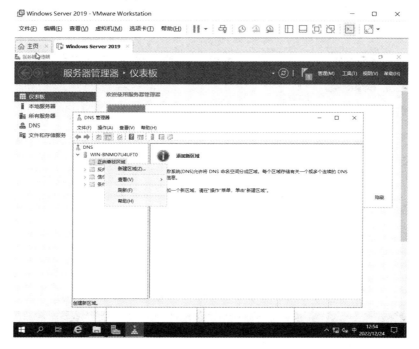

图 5.39　"DNS 管理器"界面

（3）进入"新建区域向导"界面，单击"下一步"，如图 5.40 所示。

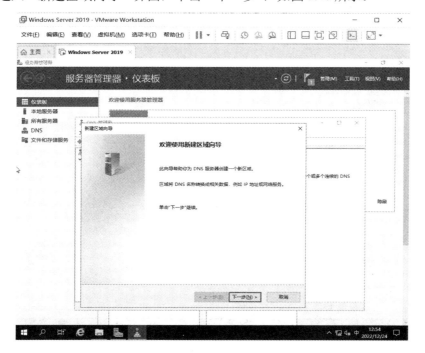

图 5.40　"新建区域向导"界面

（4）进入"区域类型"选择界面，选择区域类型为"主要区域"，单击"下一步"，如图 5.41 所示。

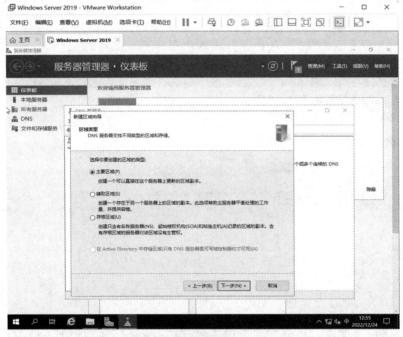

图 5.41　"区域类型"选择界面

（5）进入"区域名称"界面，在区域名称中输入本 DNS 服务器负责管理的区域名称：fjnu.edu.cn，单击"下一步"，如图 5.42 所示。

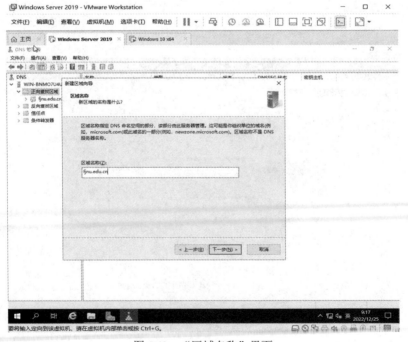

图 5.42　"区域名称"界面

(6) 进入"区域文件"界面，保持默认配置，单击"下一步"，如图 5.43 所示。

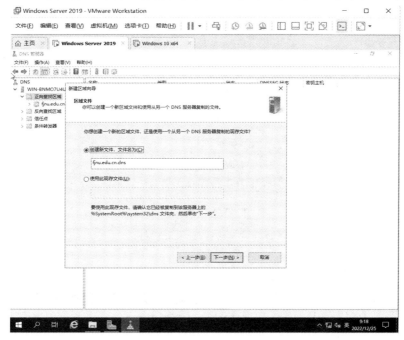

图 5.43　"区域文件"界面

(7) 进入"动态更新"界面，选择最下面的"不允许动态更新"，单击"下一步"，如图 5.44 所示。

图 5.44　"动态更新"界面

(8) 进入"新建区域向导"完成界面，显示了前面设置的信息，单击"完成"，如图

5.45 所示。

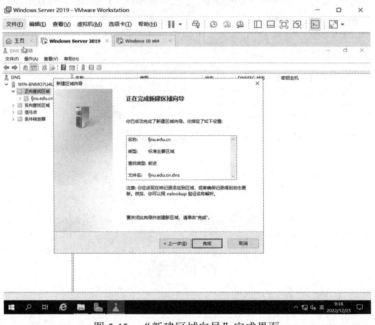

图 5.45 "新建区域向导"完成界面

2) 添加正向解析资源记录

主机记录，用于记录一个区域中主机域名与 IP 地址的对应关系，是 DNS 服务器中最常使用的记录。IPv4 的主机记录又称为 A 记录。IPv6 的主机记录又称为 AAAA 记录。

(1) 在新建的正向解析区域"fjnu.edu.cn"上，单击鼠标右键，在弹出的菜单中选择"新建主机(A 或 AAAA)(S)…"，如图 5.46 所示。

图 5.46 "服务器管理器"界面

(2) 进入"新建主机"界面,在名称中输入主机名 dns1,在 IP 地址中输入该域名对应的 IP 地址:192.168.83.201,单击"添加主机",如图 5.47 所示。

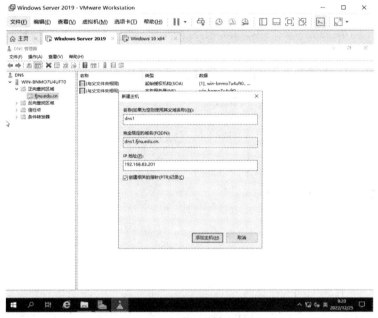

图 5.47   "新建主机"界面

(3) 采用相同步骤,在正向区域中为其他服务器添加主机记录(dns2、www、ftp、mail),如图 5.48 所示。

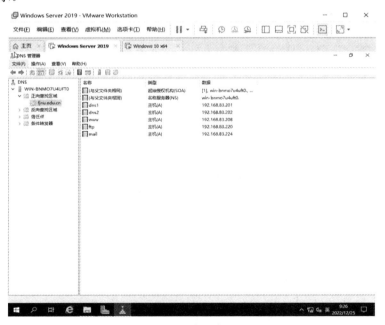

图 5.48   添加主机记录

3) 为主机记录添加别名

别名相当于主机记录的另外一个名字,下面以邮件服务器的域名 mail.fjnu.edu.cn 为例,为其新增两个别名：smtp 和 pop3。

(1) 在正向解析区域"fjnu.edu.cn"上，单击鼠标右键，在弹出的菜单中选择"新建别名"，如图 5.49 所示。

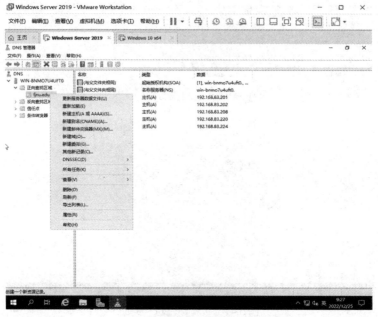

图 5.49　创建别名

(2) 进入"别名(CNAME)"界面，在"别名"中输入 smtp，在"目标主机的完全合格的域名"中输入 mail.fjnu.edu.cn，如图 5.50 所示。

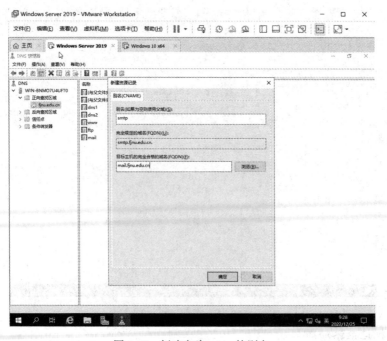

图 5.50　创建名为 smtp 的别名

(3) 采用相同步骤为 mail.fjnu.edu.cn 创建名为 pop3 的别名，如图 5.51 所示。

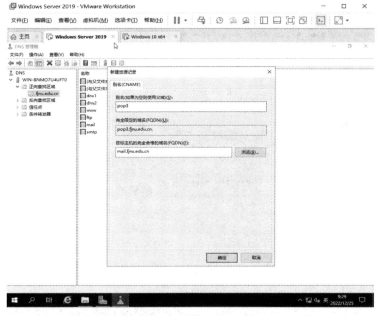

图 5.51　创建名为 pop3 的别名

4) 为区域创建邮件交换记录

邮件交换记录用于指明本区域的邮件服务器。

(1) 在正向解析区域 "fjnu.edu.cn" 上，单击鼠标右键，在弹出的菜单中选择 "新建邮件交换器"，如图 5.52 所示。

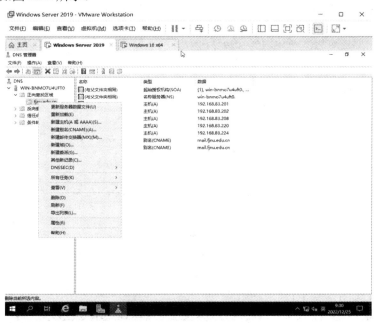

图 5.52　新建邮件交换器

(2) 打开 "邮件交换器" 界面，在 "主机或子域" 中，不输入任何文字，表示 "邮件交换记录"是属于区域 fjnu.edu.cn；在"邮件服务器的完全限定的域名"中输入邮件服务器的完整域 mail.fjnu.edu.cn，单击"确定"，如图 5.53 所示。

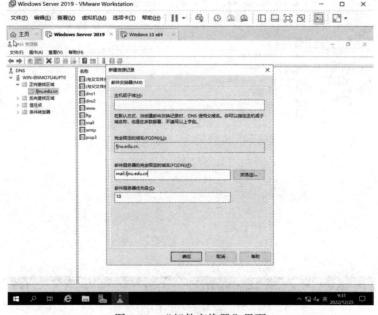

图 5.53 "邮件交换器"界面

(3) 单击"正向查找区域"下面的"fjnu.edu.cn"，右边显示出所有已创建的资源记录。

5) 验证正向解析功能

(1) 配置 Windows 10 虚拟机网卡，IP 地址：192.168.83.10；子网掩码：255.255.255.255；首选 DNS 服务器：192.168.83.201；其余为空，如图 5.54 所示。

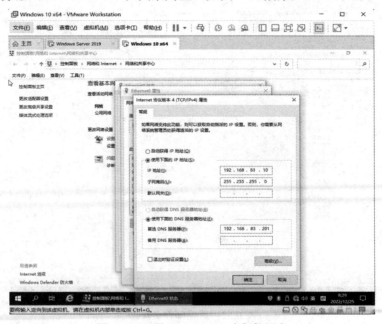

图 5.54 配置 Windows 10 虚拟机网卡

(2) 使用 ping 命令，测试 Windows 10 与 Windows Server 2019 之间通信是否正常，如图 5.55 所示。

图 5.55 测试 Windows 10 与 Windows Server 2019 之间通信

(3) 打开 cmd 命令行输入命令"nslookup"，进入 nslookup 交互环境。输入域名 dns1.fjnu.edu.cn，按回车，解析到对应的 IP 地址为 192.168.183.201；输入在 DNS 服务器中设置的其他服务器域名，都可以解析到其对应的 IP 地址，如图 5.56 所示。

图 5.56 域名解析

（4）输入域名 smtp.fjnu.edu.cn，按回车，显示该域名为别名。输入域名 pop3.fjnu.edu.cn 后，也得到该别名的解析结果，如图 5.57 所示。

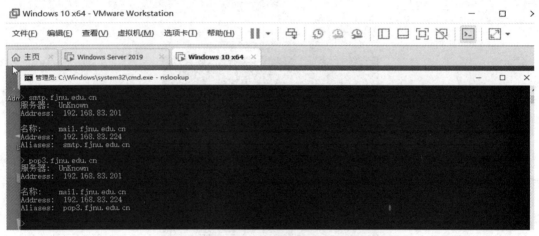

图 5.57　别名的解析

（5）输入命令"set type=mx"，设置解析类型为邮件交换记录，然后输入区域名 fjnu.edu.cn，按回车，查询到本区域内的邮件服务器为 mail.fjnu.edu.cn，并解析了该服务器对应的 IP 地址为 192.168.83.224，如图 5.58 所示。

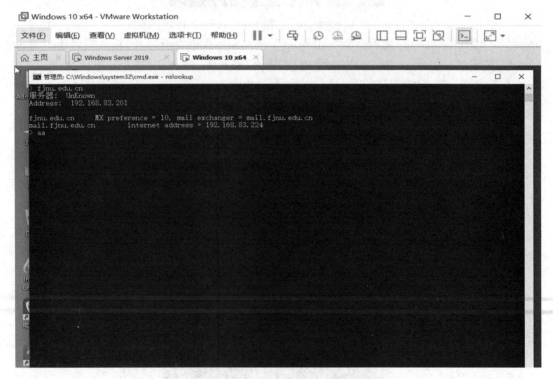

图 5.58　解析邮件服务器

（6）可以使用 ping 命令来测试域名解析，如 ping dns1.fjnu.edu.cn。ping 命令发送数据包之前，会首先启动 DNS 查询，从 DNS 服务器解析 dns1.fjnu.edu.cn 对应的 IP 地址，然后再向目的 IP 发送数据包，如图 5.59 所示。

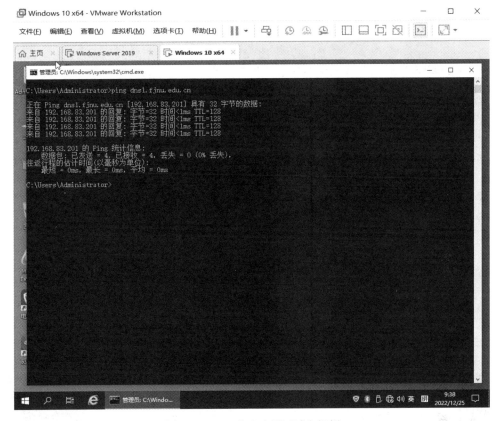

图 5.59 ping 命令来测试域名解析

ping www.fjnu.edu.cn，并不能 ping 通，这是由于目前只有 DNS 服务器在运行，其他服务并没有运行，但是 ping 命令能够解析 www.fjnu.edu.cn 的 IP 地址为 192.168.83.208，只不过该 IP 地址的服务器并不在线，如图 5.60 所示。

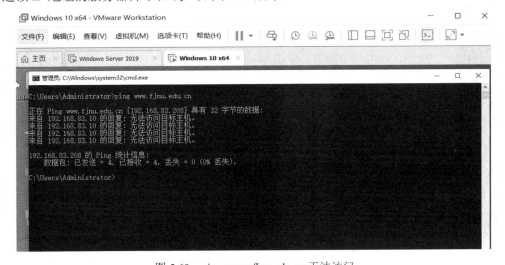

图 5.60 ping www.fjnu.edu.cn 无法访问

实训 5.5.2　DHCP 服务器的安装与配置

✦ **实训目的**

(1) 了解 DHCP 基本配置，掌握如何安装和设置；
(2) 实现不同段客户机通过 DHCP 中继代理从 DHCP 服务器上获得动态 IP 地址。

✦ **实训环境**

准备 2 台 Windows Server 2019：1 台配置 DHCP 服务器，另 1 台配置 DHCP 中继代理。准备 1 台 Windows 10 进行实验，在不同网段获取 DHCP 动态 IP。

✦ **实训内容及步骤**

1. 安装 DHCP 服务

1) 检查 DHCP 服务器网络配置

(1) 调整虚拟机配置，在"编辑"菜单中选择"虚拟网络编辑器"，再选择"仅主机模式"和"将主机虚拟适配器连接到此网络"，如图 5.61 所示。

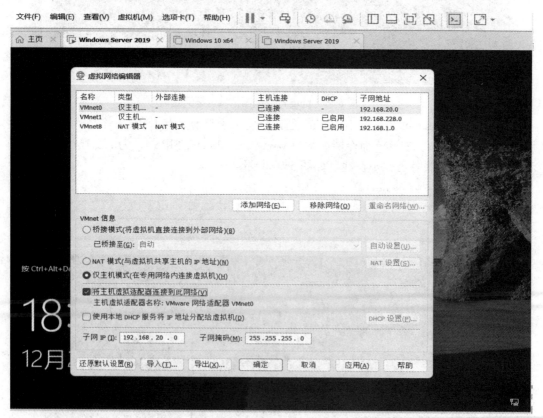

图 5.61　调整虚拟机配置

(2) 打开以太网属性，检查 IP 地址，如图 5.62 所示。

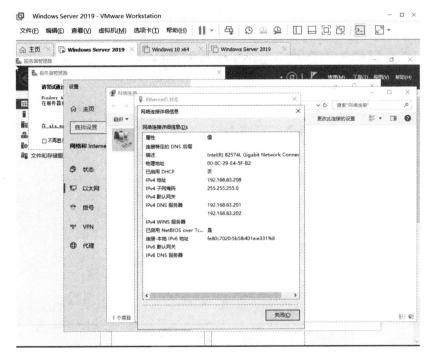

图 5.62　检查 IP 地址

2) 安装 DHCP 服务

(1) 打开"服务器管理器"，单击"添加角色和功能"，如图 5.63 所示。

图 5.63　"服务器管理器"界面

(2) 系统首先会提示，在开始之前需要完成的任务，单击"下一步"，如图 5.64 所示。

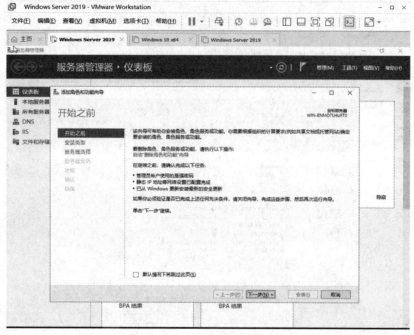

图 5.64　配置前需要完成的任务

(3) 进入"安装类型"界面，使用默认选项"基于角色或基于功能的安装"，单击"下一步"，如图 5.65 所示。

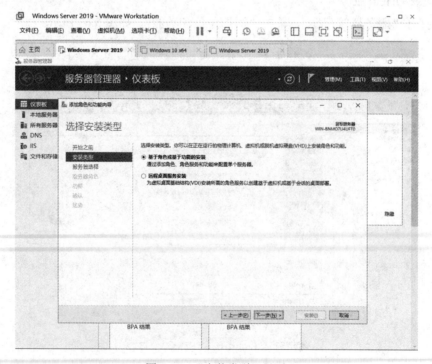

图 5.65　"安装类型"界面

(4) 进入"服务器选择"界面，选择"从服务器池中选择服务器"，选择当前服务器，单击"下一步"，如图 5.66 所示。

图 5.66 "服务器选择"界面

(5) 进入"服务器角色"界面，单击"DHCP 服务器"前面的复选框，如图 5.67 所示。

图 5.67 "服务器角色"界面

(6) 自动弹出"添加角色和功能向导"界面，单击"添加功能"，如图 5.68 所示。

图 5.68　"添加角色和功能向导"界面

(7) 返回"服务器角色"界面，确保勾选了"DHCP 服务器"，如图 5.69 所示。

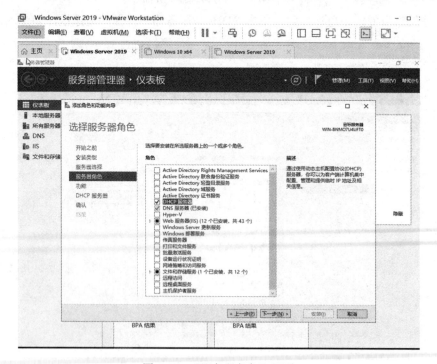

图 5.69　"服务器角色"界面

(8) 进入"功能"界面，不需要再添加额外的功能，因此不做修改，保持默认即可，如图 5.70 所示。

图 5.70　"功能"界面

(9) 进入"DHCP 服务器"界面，该界面用于说明 DHCP 服务器的作用及注意事项，如图 5.71 所示。

图 5.71　"DHCP 服务器"界面

(10) 进入"确认"界面，显示出前面所选择要安装的内容 ，确认无误后，单击"安装"按钮，如图 5.72 所示。

图 5.72   "确认"界面

(11) 进入"功能安装"界面，安装过程需要等待一段时间，安装完成后，会在进度条下面显示已安装成功，单击"关闭"，如图 5.73 所示。

图 5.73   "功能安装"界面

(12) 返回 "服务器管理器" 界面, 可以看到 DHCP 服务已经成功安装, 如图 5.74 所示。

图 5.74 "服务器管理器" 界面

2. 配置 DHCP 服务

1) DHCP 安装后配置向导

(1) 打开 DHCP 安装后配置向导。打开 "服务器管理器", 在安装完 DHCP 后, 由于 DHCP 的授权配置还未设置, 所以在仪表盘界面, 会有一个黄色的感叹号。单击它, 会发现系统提示还未完成 DHCP 服务器必要的配置, 单击 "完成 DHCP 配置", 如图 5.75 所示。

图 5.75 DHCP 的授权配置

(2) 打开"DHCP 安装后配置向导"界面，单击"提交"按钮，创建安全组，如图 5.76 所示。

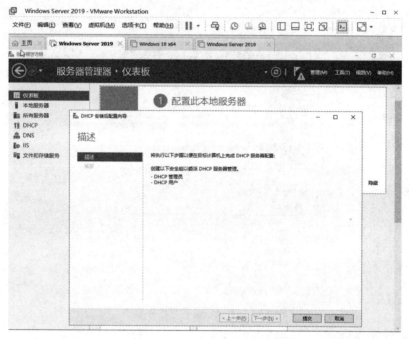

图 5.76　"DHCP 安装后配置向导"界面

此时，黄色感叹号消失，单击"工具(T)"菜单，选择"DHCP"，如图 5.77 所示。此时 DHCP 服务已被自动授权成功。

图 5.77　工具菜单

2) 配置 DHCP 服务

(1) 打开"DHCP 管理器"界面后，系统会自动创建一个 DHCP 服务器，并开启关于 IPv4 和 IPv6 的 DHCP 服务。DHCP 服务的开启特征是 IPv4 和 IPv6 服务器的图标是绿色√，如图 5.78 所示。

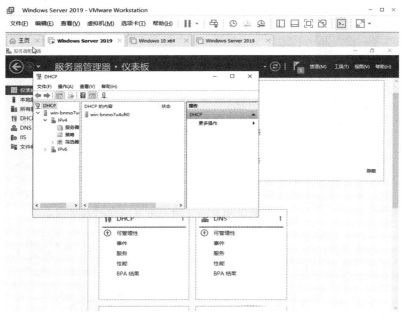

图 5.78　"DHCP 管理器"界面

(2) 新建作用域。右键单击"IPv4"，在打开的菜单中选择"新建作用域(P)..."。该步骤是指创建新的 DHCP 的 IP 作用范围，如图 5.79 所示。

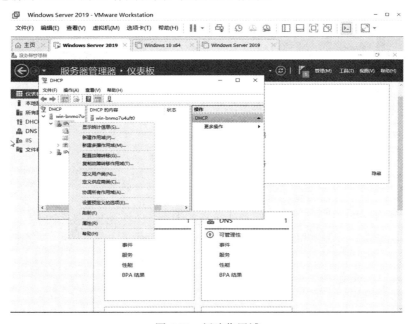

图 5.79　新建作用域

(3) 进入"新建作用域向导"界面，单击"下一步"，如图 5.80 所示。

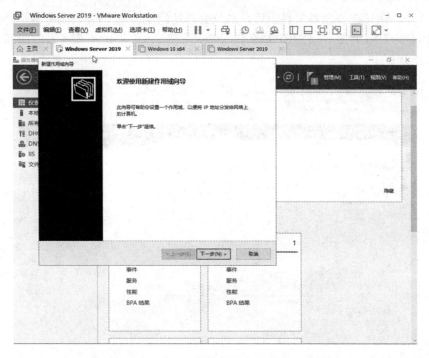

图 5.80　"新建作用域向导"界面

(4) 设置作用域名称。在"名称"处输入 vSphere；在"描述"处输入 DHCP Service for vSphere VM，如图 5.81 所示。单击"下一步"按钮。

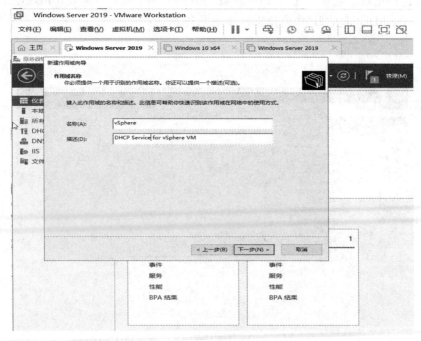

图 5.81　设置作用域名称

(5) 设置 IP 范围,如图 5.82 所示。单击"下一步"。

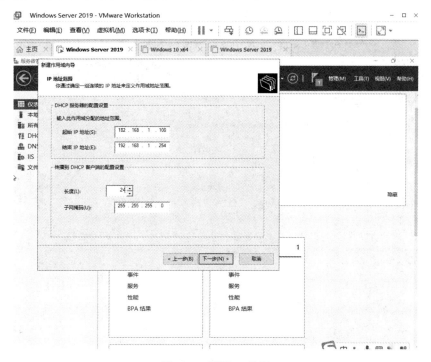

图 5.82　设置 IP 范围

(6) 租期期限设置,如图 5.83 所示,单击"下一步"。

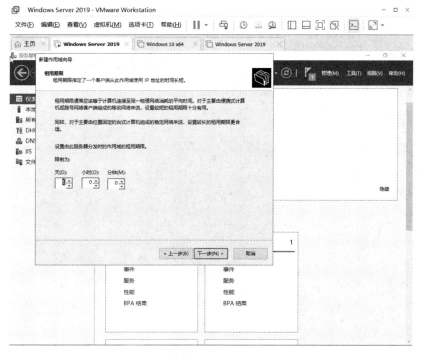

图 5.83　设置租期

(7) 设置 DHCP 其他选项，如图 5.84 所示。单击"下一步"。

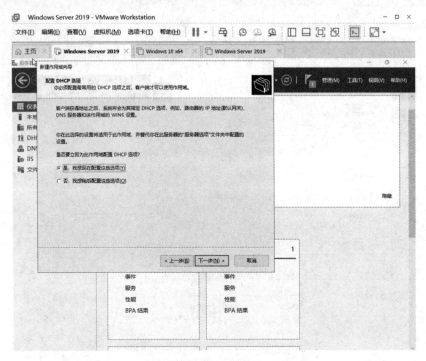

图 5.84　设置 DHCP 其他选项

(8) 设置路由器(默认网关)，如图 5.85 所示。单击"下一步"。

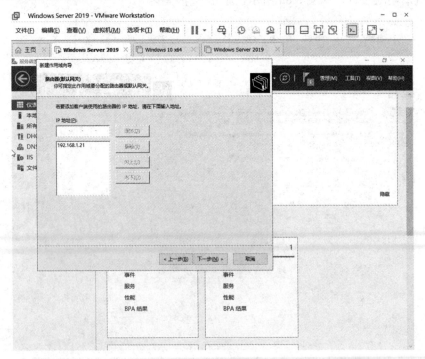

图 5.85　设置路由器

(9) 设置域名与域名服务器，如图 5.86 所示。单击"下一步"。

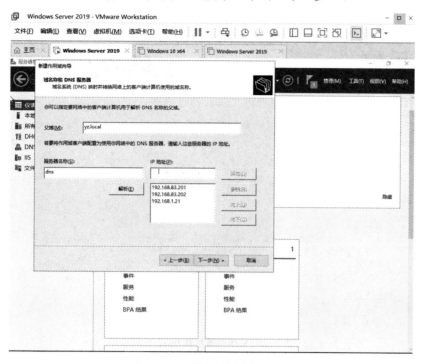

图 5.86　设置域名与域名服务器

(10) 如果使用 Windows Internet 命名服务(WINS)服务器，则添加其名称和 IP 地址，单击"下一步"。如果没有，则直接单击"下一步"，如图 5.87 所示。

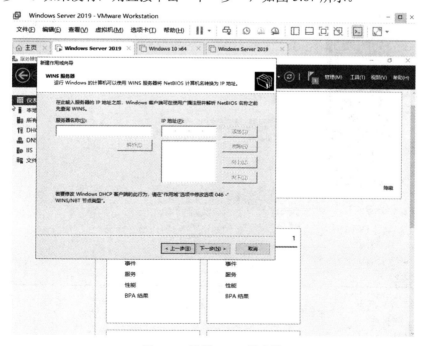

图 5.87　设置 WINS 服务器

(11) 激活作用域，如图 5.88 所示。单击"下一步"。

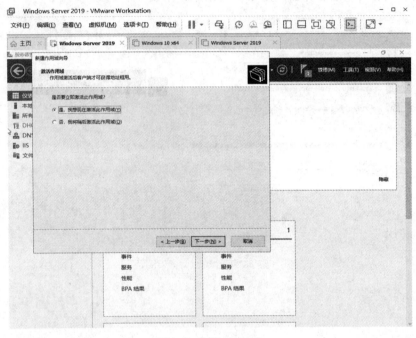

图 5.88　激活作用域

(12) 完成新建作用域向导，如图 5.89 所示。单击"完成"。

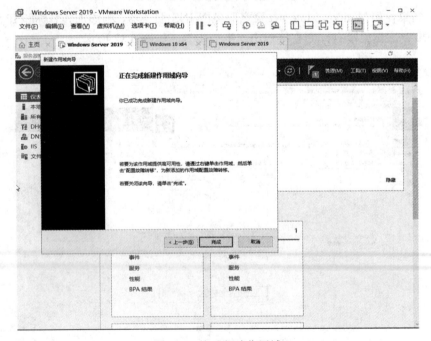

图 5.89　完成新建作用域

3. 测试

使用另一台 PC，设置在同一网络模式下，如 NAT(Network Address Translation，网络地址转换)模式，执行"ipconfig/release"命令，清空原有的 IP 地址；再执行"ipconfig/renew"命令，重新获取 IP 地址。结果如图 5.90 所示。

图 5.90　测试动态 IP 地址

在"DHCP 管理器"界面单击"地址租用"，查看地址租用，如图 5.91 所示。

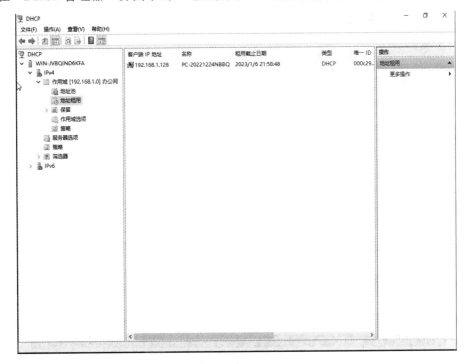

图 5.91　查看地址租用

实训 5.5.3   Web 服务器的安装与配置

✦ **实训目的**

(1) 了解万维网(World Wide Web，WWW)的原理和作用，了解 Web 服务的原理;

(2) 掌握 Windows Server 2019 操作系统中 Web 服务器组件的安装与配置方法。

✦ **实训环境**

(1) PC 若干台;

(2) 交换机一台;

(3) Windows Server 2019 系统软件、IIS(Internet Information Services，Internet 信息服务)及 Web 服务组件。

✦ **实训内容及步骤**

1. Web 服务器设置

选择一台服务器作为 WEB-IIS 服务器，打开以太网属性，将 IP 地址设置为 192.168.83.208，如图 5.92 所示。

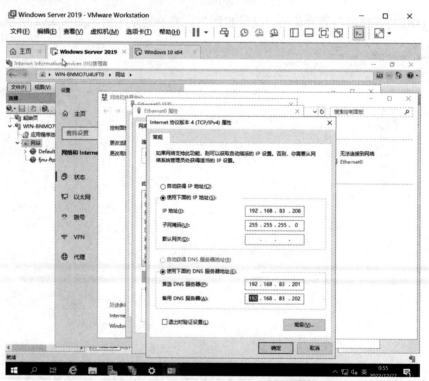

图 5.92   设置服务器 IP 地址

2. Windows Server 2019 系统中 Web 服务器组件的安装

(1) 在 Windows Server 2019 系统中，IIS 角色是可选组件，默认情况下是没有安装的。打开"服务器管理器"界面，单击"添加角色和功能"，如图 5.93 所示。

图 5.93　"服务器管理器"界面

(2) 默认进入"添加角色和功能向导"界面，单击"下一步"，如图 5.94 所示。

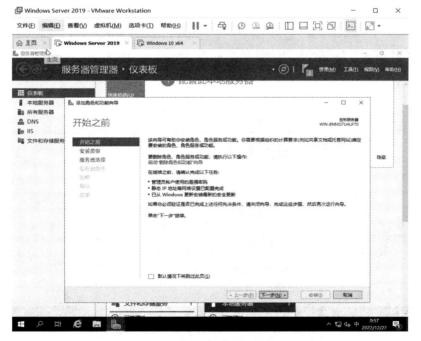

图 5.94　"添加角色和功能向导"界面

(3) 默认"基于角色或基于功能的安装",继续单击"下一步",如图 5.95 所示。

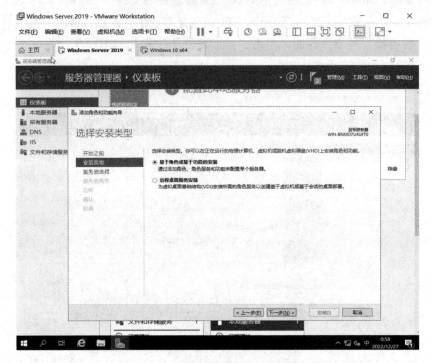

图 5.95　选择基于角色或基于功能的安装

(4) 进入"服务器角色"界面,单击"Web 服务器(IIS)",在弹出的对话框单击"添加功能"按钮,如图 5.96 所示。

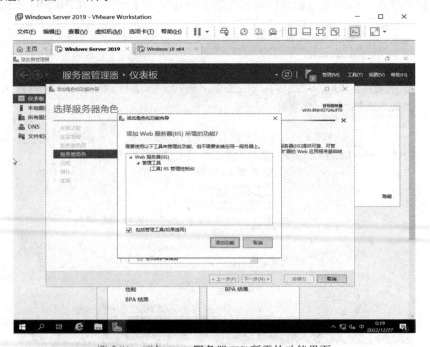

图 5.96　添加 Web 服务器(IIS)所需的功能界面

(5) 使用默认选项，单击"下一步"，直到出现"角色服务"界面。角色服务中有很多选项没有选择，暂时不需要用到这些选项，继续单击"下一步"，如图 5.97 所示。

图 5.97　"角色服务"界面

(6) 进入"确认"界面，单击"安装"按钮，如图 5.98 所示。

图 5.98　"确认"界面

(7) 进入"结果"界面，安装过程需要等待一段时间。安装完成后，会在进度条下面显示安装成功，如图 5.99 所示。

图 5.99 "结果"界面

3. IIS 的基本配置——绑定 IP

(1) 打开服务器管理器，双击"IIS"，然后在服务器名称上单击右键，选择"Internet Information Services (IIS)管理器"，如图 5.100 所示。

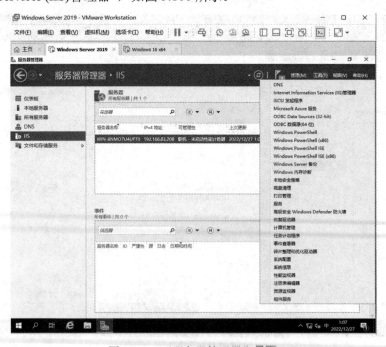

图 5.100 "服务器管理器"界面

(2) 在 Internet Information Services (IIS)管理器左边连接栏中，展开左侧的内容，找到 "Default Web Site" 单击右键，选择 "编辑绑定..."，如图 5.101 所示。

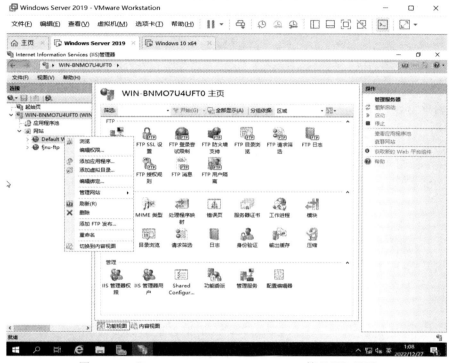

图 5.101 "Internet Information Services (IIS)管理器" 界面

(3) 在弹出的 "网站绑定" 界面中选中里面的内容，单击 "编辑(E)..."，如图 5.102 所示。

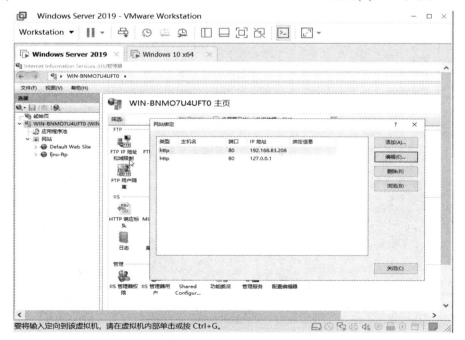

图 5.102 "网站绑定" 界面

(4) 打开"编辑网站绑定"界面，在 IP 地址栏中显示为："全部未分配"，如图 5.103 所示。即用户可以通过该服务器的任意 IP 地址访问网站，例如可以通过服务器的 IP 地址 192.168.83.208 或者 127.0.0.1 访问网站。

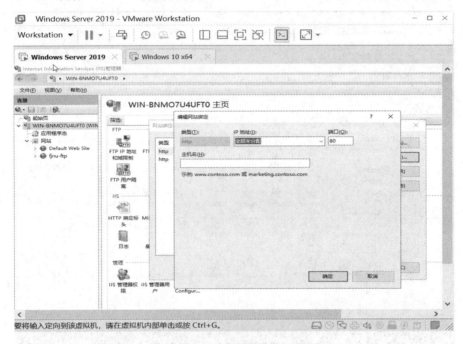

图 5.103 "编辑网站绑定"界面

验证：打开 IE 浏览器，在地址栏输入 http://192.168.83.208，如图 5.104 所示。

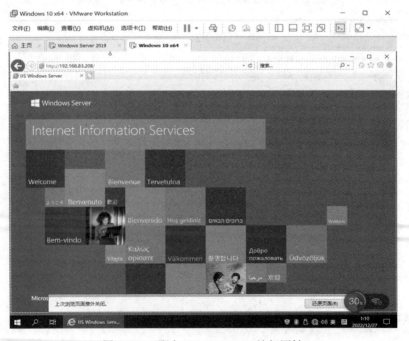

图 5.104 通过 192.168.83.208 访问网址

打开 IE 浏览器，在地址栏输入 http://127.0.0.1，如图 5.105 所示。

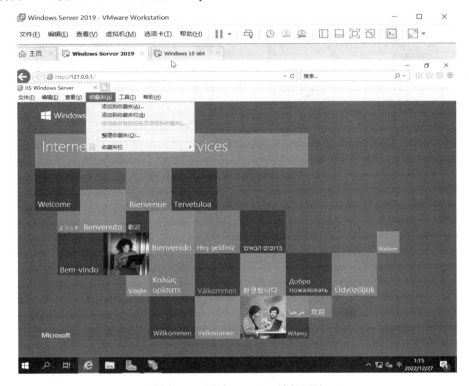

图 5.105　通过 127.0.0.1 访问网站

实训 5.5.4　FTP 服务器的安装与配置

✦ **实训目的**

(1) 理解 FTP 服务器的工作原理；

(2) 掌握 FTP 服务器软件的安装。

✦ **实训环境**

(1) 服务器：Windows Server 2019，用于安装 FTP 服务器；

(2) 客户端：Windows 10，用于测试 FTP 服务器。

✦ **实训内容及步骤**

1. FTP 服务器的安装

(1) 一台全新的 Windows Server 2019 DC 作为 FTP(File Transfer Protocol，文件传输协议)服务器，计算机命名为 FTP。IP 地址设置为 192.168.83.220，子网掩码为 255.255.255.0，首选 DNS 为 192.168.83.201，备选 DNS 为 192.168.83.202，如图 5.106 所示。

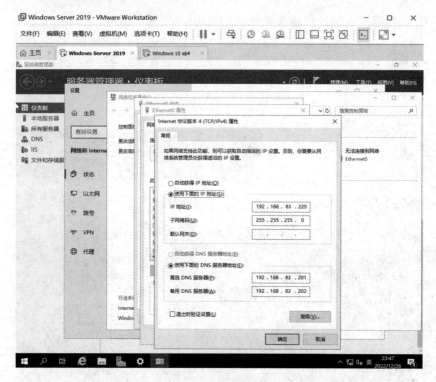

图 5.106　设置 FTP 服务器的 IP 地址

(2) 打开"服务器管理器"界面，单击"添加角色和功能"，如图 5.107 所示。

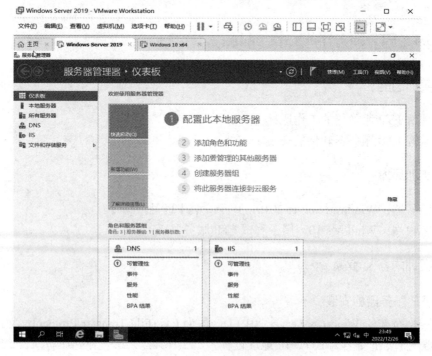

图 5.107　"服务器管理器"界面

(3) 进入"添加角色和功能向导"界面，安装条件确认无误后，单击"下一步"，如图 5.108 所示。

图 5.108 "添加角色和功能向导"界面

(4) 进入"安装类型"界面，系统默认选择"基于角色或功能的安装"，单击"下一步"，如图 5.109 所示。

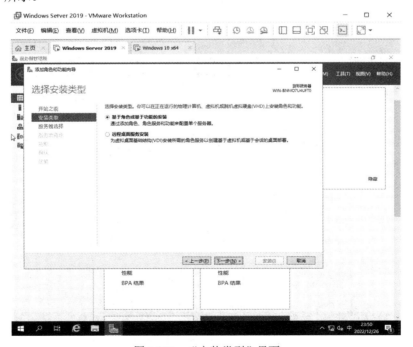

图 5.109 "安装类型"界面

（5）进入"服务器选择"界面，系统默认选择"从服务器池中选择服务器"，核对服务器名称和 IP 地址无误后，单击"下一步"，如图 5.110 所示。

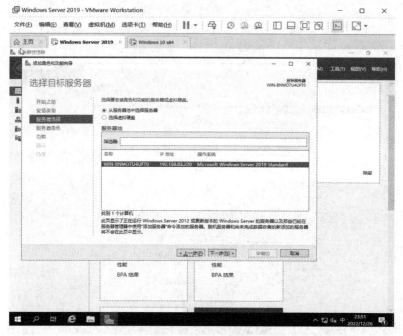

图 5.110　"服务器选择"界面

（6）进入"服务器角色"界面，Windows Server 的 FTP 功能是 IIS 角色的一部分，所以勾选"Web 服务器(IIS)"，如图 5.111 所示。

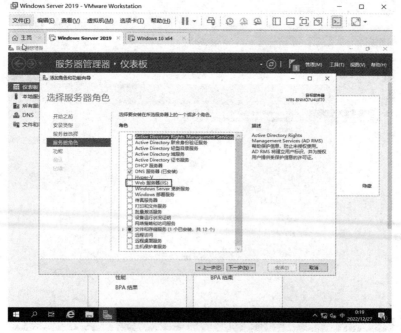

图 5.111　"服务器角色"界面

在弹出的对话框中，单击"添加功能"，如图 5.112 所示。

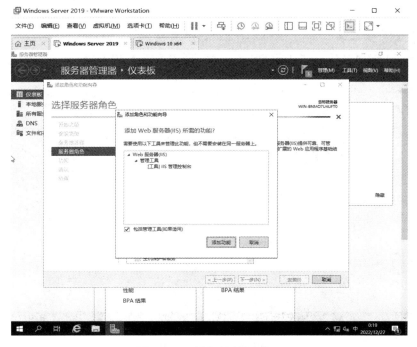

图 5.112　选择"添加功能"

返回"服务器角色"界面，"Web 服务器(IIS)"已被勾选，单击"下一步"，如图 5.113 所示。

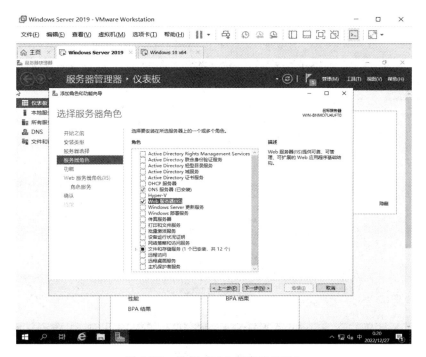

图 5.113　选择"Web 服务器(IIS)"

(7) 进入"功能"界面，默认选项，单击"下一步"，如图 5.114 所示。

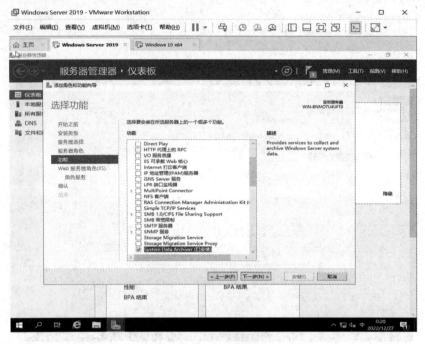

图 5.114　"功能"界面

(8) 进入"Web 服务器角色(IIS)"界面，该界面对 IIS 进行简单说明，单击"下一步"，如图 5.115 所示。

图 5.115　"Web 服务器角色(IIS)"界面

(9) 进入"角色服务"界面,拖动滚动条,找到 FTP 服务器,勾选"FTP 服务器"。系统默认勾选"FTP 服务",单击"下一步",如图 5.116 所示。

图 5.116   选择"FTP 服务器"

(10) 进入"确认"界面,确认无误后,单击"安装",如图 5.117 所示。

图 5.117   "确认"界面

(11) 进入"结果"界面,等待一段时间后,系统提示 FTP 安装完成后,即可关闭安装界面，如图 5.118 所示。

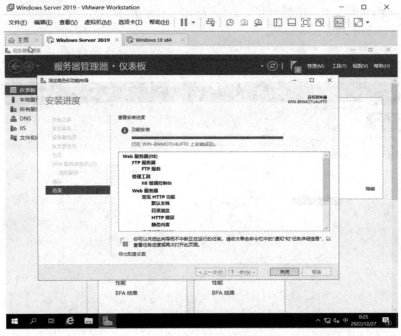

图 5.118　"结果"界面

2. 新建 FTP 站点

(1) 打开"服务器管理器"，单击右上角的"工具"栏，找到"Internet Information Services(IIS) 管理器"单击，如图 5.119 所示。

图 5.119　"Internet Information Services(IIS)管理器"界面

(2) 单击 Internet Information Services (IIS)管理器左侧栏目中的服务器名称,中间会显示 FTP 主页,包含 FTP 服务的信息,说明 FTP 服务已经安装成功,如图 5.120 所示。

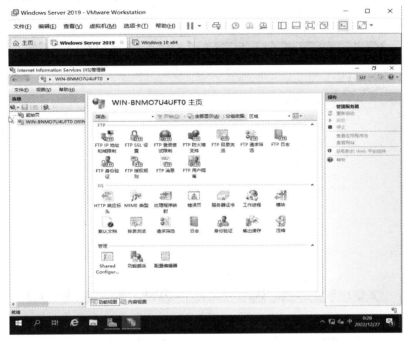

图 5.120 FTP 主页

(3) 新建 FTP 站点。展开左侧菜单,在服务器名称上单击鼠标右键,选择"添加 FTP 站点…",如图 5.121 所示。

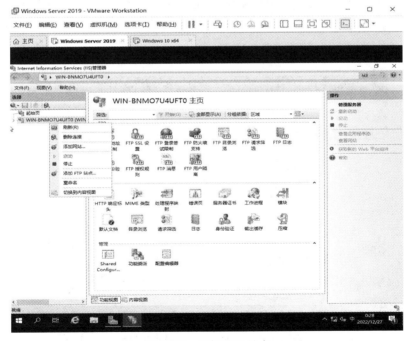

图 5.121 添加 FTP 站点

(4) 进入"添加 FTP 站点"界面，输入 FTP 站点名称和其目录的物理路径。物理路径是需要共享的目录位置。单击"下一步"，如图 5.122 所示。

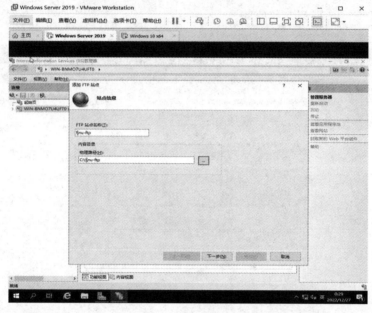

图 5.122　添加 FTP 站点名称和其目录的物理路径

(5) 进入"绑定和 SSL 设置"界面，IP 地址默认为全部未分配，即可以使用服务器上任意一个没有分配给其他 FTP 站点的 IP 来访问。如果选择了 IP 地址，则只能通过选择的IP 地址对 FTP 服务器进行访问。端口选择默认 21 号端口。SSL(Secure Socket Layer)安全套接层是在传输 TCP/IP 上实现的一种安全协议,采用公开密钥技术。在这里选择"无 SSL(L)"，如图 5.123 所示。

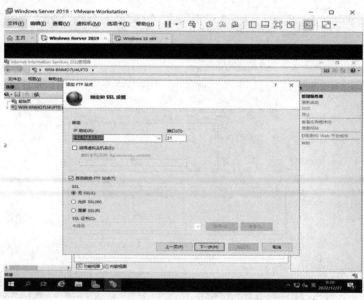

图 5.123　"绑定和 SSL 设置"界面

　　(6) 单击"下一步",进入"身份验证和授权信息"界面,在身份验证中,勾选"匿名"和"基本";允许访问的用户选择"所有用户";权限勾选"读取"和"写入"。最后单击"完成",如图 5.124 所示。

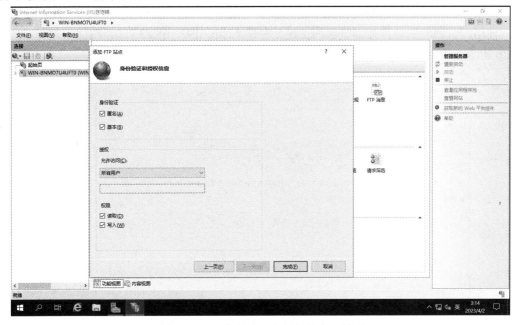

图 5.124　"身份验证和授权信息"界面

　　(7) 返回"网站"界面,在列表中新的 FTP 站点 fjnu-ftp 已经创建完成,并成功启动,如图 5.125 所示。

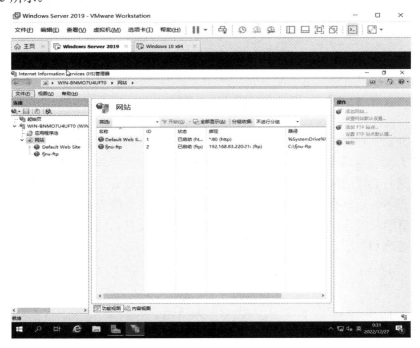

图 5.125　"网站"界面

如果在默认站点"Default Web Site"中添加 FTP 发布,那么默认的根目录位置是 C:\inetpub\ftproot。

3. 测试 FTP 站点

测试之前,随意创建或复制几个文件和文件夹到 FTP 的根目录中。

使用浏览器测试。打开浏览器,在地址栏输入 ftp://192.168.83.220,按回车即可,如图 5.126 所示。

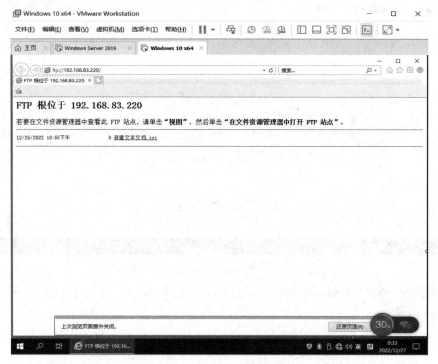

图 5.126   测试 FTP 站点

小   结

本项目介绍了常用服务器的搭建与配置。网络服务器是实现网络有效应用的关键手段,是保障用户合理应用网络的重要基础。强化对网络服务器的管理,能够提升服务器的运行质量,同时进行必要的维护也是保障服务器正常运行的重要要求。网络服务器就是计算机网络的核心设备,通过有效应用硬件设施以及相应的服务手段来实现网络服务器和服务范围内的用户计算机的连接,能够有效实现对问题的集中处理,同时也能够让数字资源得到更为有效的整理和共享。

习   题

1 选择题

(1) 以下(   )属于网站服务器里的成员。

A. Web Server(WWW 服务器)

B. Mail Server(邮件服务器)

C. Member Server(成员服务器)

D. FTP Server(文件服务器)

(2) 以下(　　)版本可以支持 8 个 CPU。

A. Windows 2000 Server

B. Windows 2000 Advanced Server

C. Windows 2000 Datacenter Server

D. 以上皆是

(3) 以下有关域的叙述，(　　)是正确的。

A. 域就是由一群服务器计算机与工作站计算机所组成的局域网系统

B. 域中工作组名称必须都相同，才可以连上服务器

C. 域中的成员服务器是可以合并在一台服务器计算机中的

D. 以上皆是

(4) (　　)是目录服务(Active Directory)的特性。

A. 专门收集整个域上有关文件、外围设备、主机联机信息、目录数据库与 Web 访问等相关的数据

B. 通过它可以快速地找出所需的资源

C. 它就是应该可以快速移动的目录

D. 以上皆是

(5) 以下有关"成员"的叙述，(　　)是错误的。

A. 就是一般的工作站计算机

B. 就是在局域网上提供特别服务的计算机

C. 它能在工作站数量多，负载大的情况下，解决在线的效益问题

D. 以上皆错误

2. 判断题

(1) 任何一台计算机都适合用来当作服务器，只要其所配的 CPU 等级高，内存充足。(　　)

(2) Windows 2000 Server 这个版本可支持 4 个 CPU 的服务器。(　　)

(3) 使用通过微软公司测试的服务器，计算机比较有保障。(　　)

(4) 将个人用户归到一个组内，便于对具有相同工作性质的用户进行权利指派。(　　)

(5) 任何工作站的任何人都可以指派域账户。(　　)

(6) 我们可以对文件夹与文件指派共享权限。(　　)

(7) 在创建账户、组与使用权限指派前，最好先制作整体规划数据，然后再按规划设置，不容易出错；即使出错，也有据可查。(　　)

(8) Windows 新建的组都不适合我们使用，最好是自行新建组。(　　)

(9) 用户账户以工作站的编号来命名有利于人员变动的重新设置工作，但是管理者应该有一份计算机与用户的数据对照表。(　　)

(10) 设置钥匙可以防止无权限用户在网络中访问到不该访问的文件，或运行了不该执行的任务。　　　　　　　　　　　　　　　　　　　　　　　　　（　　）

(11) "终端服务"就是一套提供由终端机计算机输入到主机的程序。　（　　）

3. 问答题

(1) 什么是 DNS 服务器？有哪些作用？

(2) 什么是 DHCP 服务器？有哪些作用？

(3) 什么是 WEB 服务器？有哪些作用？

(4) 什么是 FTP 服务器？有哪些作用？

项目 6

中小型网络安全部署

项目引入

　　小明掌握了网络组建的基础知识后，意识到网络在运行过程中存在诸多安全隐患。了解网络安全隐患，掌握网络安全防范的策略是网络建设和后期维护中的重要工作。

学习目标

- 了解网络安全隐患；
- 了解网络常见攻击方法；
- 掌握网络安全隐患的防治策略。

6.1　局域网存在的安全隐患

　　随着局域网的规模不断扩大，局域网的建设已经成为政府机关以及企事业单位信息化的重要组成部分，然而，局域网存在的安全隐患给信息化建设的进一步推进带来了巨大的阻碍。因此，必须对局域网存在的安全隐患提出科学有效的防治策略。

　　目前，一些局域网内部的计算机和互联网相连，却并未安装相应的比较高级的杀毒软件及防火墙，一些计算机系统或多或少都存在着各种漏洞。局域网通常面临着黑客攻击、目录共享导致的信息外泄、计算机操作人员的安全意识不足等安全隐患。

1. 计算机病毒

　　计算机病毒是一个程序，一段可执行码，通过复制自身来进行传播，通常依附于软件应用。它可以通过下载文件、交换 CD/DVD、USB 设备的插拔、从服务器复制文件，以及打开受感染的电子邮件附件来进行传播。计算机病毒往往会影响受感染计算机的正常运作，或计算机被控制而不自知，也有计算机正常运作但发生盗窃数据等用户非自发启动的行为。病毒可以通过修补操作系统以及其捆绑的软件的漏洞，安装并及时更新杀毒软件与防火墙产品，不要打开来路不明的链接以及运行不明程序来预防。

2. 蠕虫

　　蠕虫可以通过各种手段注入网络，如通过 USB 设备和电子邮件附件。电子邮件蠕虫会向其感染的计算机内的所有邮件地址发送邮件，其中自然也包括可信任列表内的邮件地址，让人措手不及。对付蠕虫病毒要靠杀毒软件的及时查杀。

3. 木马

木马一词来源于《荷马史诗》中的特洛伊木马，与一般的病毒不同，它不会自我繁殖，也并不"刻意"地去感染其他文件。这一特性使得它看起来并不具有攻击性，甚至会被当成有用的程序。但是木马会使用户计算机失去防护，使得黑客可以轻易地控制计算机，盗走资料。

4. 间谍软件

当用户下载一个文件或打开某些网页链接时，间谍软件会不经你同意而偷偷安装。间谍软件可以设置用户的自动签名，监控按键，扫描、读取和删除文件，访问用户的应用程序甚至格式化用户的硬盘。它会不断地将用户的信息反馈给控制该间谍软件的人。这就要求用户在下载文件时要多加小心，不要去打开那些来路不明的链接。

5. 广告程序

广告程序这类恶意软件主要发布广告，通常以弹窗的形式出现。它不会对用户的计算机造成直接的伤害，但是会潜在链接一些间谍软件。

6. 垃圾邮件

垃圾邮件可以简单理解为不受欢迎的电子邮件，大部分用户都收到过，垃圾邮件占据了互联网邮件总数的 50%以上。尽管垃圾邮件不是一个直接的威胁，但它可以被用来发送不同类型的恶意软件。此外，有些垃圾邮件发送组织或非法信息传播者为了大面积散布信息，常采用多台机器同时巨量发送的方式攻击邮件服务器，造成邮件服务器大量带宽损失，严重干扰邮件服务器进行正常的邮件递送工作。

7. 网络钓鱼

网络钓鱼攻击者通过假冒的电子邮件和伪造的 Web 站点来进行网络诈骗活动，受骗者往往会泄露自己的私人资料，如信用卡号、银行卡账户、身份证号等内容。诈骗者通常会将自己伪装成网络银行、在线零售商和信用卡公司等可信的品牌，骗取用户的私人信息。

8. 网址嫁接

网址嫁接是一种形式更为复杂的网络钓鱼。利用 DNS 系统，即使一个文盲也可以建立一个看起来和真的网上银行一模一样的假网站，然后就可以套取那些信以为真的受骗者的信息了。

9. 键盘记录器

键盘记录器可以记录用户在键盘上的操作，这样就使得黑客可以搜寻他们想要的特定信息如用户的登录密码和身份信息。

10. 假的安全软件

假的安全软件通常会伪装成安全软件，会提出虚假报警来让用户卸载那些有用的安防软件。当用户进行网络支付等操作时，这些软件就会借机盗取用户信息。

6.2　网络攻击方法

网络攻击(Cyber Attacks，也称赛博攻击)是指针对计算机信息系统、基础设施、计算机网络或个人计算机设备的任何类型的进攻动作。对于计算机和计算机网络来说，破坏、揭露、修改、使软件或服务失去功能、在没有得到授权的情况下窃取或访问任何一台计算机的数据，都会被视为对计算机和计算机网络的攻击。

网络攻击是利用网络信息系统存在的漏洞和安全缺陷对系统和资源进行攻击。网络信息系统所面临的威胁来自很多方面，而且会随着时间的变化而变化。从宏观上看，这些威胁可分为自然威胁和人为威胁。自然威胁来自各种自然灾害、恶劣的场地环境、电磁干扰、网络设备的自然老化等。这些威胁是无目的的，但会对网络通信系统造成损害，危及通信安全。而人为威胁是对网络信息系统的人为攻击，通过寻找系统的弱点，以非授权方式达到破坏、欺骗和窃取数据信息等目的。两者相比，精心设计的人为威胁更难防备，其种类多且数量大。

1. 攻击分类

从对信息的破坏性上看，攻击类型可以分为主动攻击和被动攻击。

1) 主动攻击

主动攻击会导致某些数据流的篡改和虚假数据流的产生。这类攻击可分为篡改消息、伪造及拒绝服务。

(1) 篡改消息。篡改消息是指一个合法消息的某些部分被改变、删除，消息被延迟或改变顺序，通常用于产生未授权的效果，如修改传输消息中的数据，将"允许甲执行操作"改为"允许乙执行操作"。

(2) 伪造。伪造是指某个实体(人或系统)发出含有其他实体身份信息的数据信息，假扮成其他实体，从而以欺骗方式获取一些合法用户的权利。

(3) 拒绝服务。拒绝服务即常说的 DoS(Deny of Service)，会导致对通信设备的正常使用或管理被无条件地中断。它通常是对整个网络实施破坏，以达到降低性能、终止服务的目的，也可能有一个特定的目标，到某一特定目的地(如安全审计服务)的所有数据包都被阻止。

抗击主动攻击的主要技术手段是检测，以及从攻击造成的破坏中及时恢复。检测还具有某种威慑效应，在一定程度上也能起到防止攻击的作用。具体措施包括自动审计、入侵检测和完整性恢复等。

2) 被动攻击

被动攻击中攻击者不对数据信息做任何修改，在未经用户同意和认可的情况下截取/窃听获得用户的信息或相关数据，通常包括流量分析、窃听等攻击方式。

(1) 流量分析。流量分析攻击方式适用于一些特殊场合，例如敏感信息都是保密的，攻击者虽然从截获的信息中无法得到信息的真实内容，但是能通过观察这些数据报的模式，分析确定出通信双方的位置、通信的次数及信息的长度，获知相关的敏感信息。这种攻击方式被称为流量分析。

(2) 窃听。窃听是最常用的手段。应用最广泛的局域网上的数据传送是基于广播方式进行的，这就使一台主机有可能收到本子网上传送的所有信息。而计算机的网卡在杂收模式工作时，就可以将网络上传送的所有信息传送到上层，以供进一步分析。如果没有采取加密措施，通过协议分析，可以完全掌握通信的全部内容。窃听还可以用无限截获方式得到信息，通过高灵敏接收装置接收网络站点或网络连接设备辐射的电磁波，通过对电磁信号的分析恢复原数据信号从而获得网络信息。尽管有时数据信息不能通过电磁信号全部恢复，但可能得到极有价值的情报。

由于被动攻击不会对被攻击的信息做任何修改，难以留下痕迹，或者根本不留下痕迹，因而非常难以检测，所以抗击这类攻击的重点在于预防。具体措施包括建立虚拟专用网(Virtual Private Network，VPN)，采用加密技术保护信息以及使用交换式网络设备等。被动攻击不易被发现，因而常常是主动攻击的前奏。

2. 攻击层次

攻击层次从浅入深分为以下几个层次：

(1) 简单拒绝服务。

(2) 本地用户获得非授权读权限。

(3) 本地用户获得非授权写权限。

(4) 远程用户获得非授权账号信息。

(5) 远程用户获得特权文件的读权限。

(6) 远程用户获得特权文件的写权限。

(7) 远程用户获得系统管理员权限。

3. 攻击方法

攻击方法多种多样，最常见有以下 9 种。

1) 口令入侵

口令入侵是指使用某些合法用户的账号和口令登录到目的主机，然后再实施攻击活动。这种方法的前提是必须先得到该主机上某个合法用户的账号，然后再进行合法用户口令的破译。获得普通用户账号的方法非常多，常见的有以下四种：

(1) 利用目标主机的 Finger 功能。当用 Finger 命令查询时，主机系统会将保存的用户资料(如用户名、登录时间等)显示在终端或计算机上。

(2) 利用目标主机的 X.500 服务。有些主机没有关闭 X.500 的目录查询服务，给攻击者提供了一条获得信息的简易途径。

(3) 从电子邮件地址中收集账号。有些用户电子邮件地址常会透露其在目标主机上的账号。

(4) 查看主机是否有习惯性的账号。有经验的用户都知道，很多系统会使用一些习惯性的账号，从而造成账号的泄露。

2) 特洛伊木马

放置特洛伊木马程序能直接侵入用户的计算机并进行破坏。它常被伪装成工具程序或游戏等，诱使用户打开带有这种程序的邮件附件或从网上直接下载，一旦用户打开了这些邮件附件或执行了这些程序之后，它就会像古特洛伊人在敌人城外留下的藏满士兵的木马一样留在用户的计算机中，并在用户的计算机系统中隐藏一个能在 Windows 启动时悄悄执行的程序。当用户连接到因特网时，这个程序就会通知攻击者，来报告用户的 IP 地址及预先设定的端口。攻击者在收到这些信息后，再利用这个潜伏的程序，就能任意修改用户计算机的参数设定、复制文件、窥视用户整个硬盘中的内容等，从而达到控制用户的计算机的目的。

3) WWW 欺骗

在网上用户能利用 IE 等浏览器进行各种各样的 Web 站点的访问，如阅读新闻组、咨询产品价格、订阅报纸、开展电子商务等。然而一般的用户恐怕不会想到有这些问题存在：正在访问的网页已被黑客篡改过，网页上的信息是虚假的。例如，黑客将用户要浏览的网页的 URL(Uniform Resource Locator，资源定位符)改写为指向黑客自己的服务器，当用户浏览目标网页时，实际上是向黑客服务器发出请求，因而黑客就能达到欺骗的目的了。

一般 Web 欺骗使用两种技术手段，即 URL 地址重写技术和相关信息掩盖技术。利用 URL 地址重写技术，使 URL 地址都指向攻击者的 Web 服务器，即攻击者能将自己的 Web 地址加在所有 URL 地址的前面。这样，当用户和站点进行连接时，就会毫不防备地进入攻击者的服务器，于是用户的所有信息便处于攻击者的监视之中。但由于浏览器一般均设有地址栏和状态栏，当浏览器和某个站点连接时，能在地址栏和状态栏中获得连接中的 Web 站点地址及其相关的传输信息，用户由此能发现问题。所以攻击者往往在 URL 地址重写的同时，利用相关信息掩盖技术，即一般用 JavaScript 程序来重写地址栏和状态栏，以达到其掩盖欺骗的目的。

4) 电子邮件

电子邮件是互联网上运用十分广泛的一种通信方式。攻击者使用一些邮件炸弹软件或 CGI(Common Gateway Inteface，通用网关接口)程序向目的邮箱发送大量内容重复、无用的垃圾邮件，从而使目的邮箱被撑爆而无法使用。当垃圾邮件的发送流量特别大时，更有可能造成邮件系统对于正常的工作反应缓慢，甚至瘫痪。相对于其他的攻击手段来说，这种攻击方法具有简单、见效快等特点。

5) 节点攻击

节点攻击是指攻击者在突破一台主机后，往往以此主机作为根据地，攻击其他主机(以隐蔽其入侵路径，避免留下蛛丝马迹)。攻击者能使用网络监听方法，尝试攻破同一网络内的其他主机；也能通过 IP 欺骗和主机信任关系，攻击其他主机。

节点攻击非常狡猾，但由于某些技术非常难掌控，如 TCP/IP 欺骗攻击，攻击者会通过将外部计算机伪装成另一台合法机器来实现。这能破坏两台机器间通信链路上的数据，其伪装的目的在于哄骗网络中的其他机器误将攻击者作为合法机器加以接受，诱使其他机器向它发送数据或允许它修改数据。TCP/IP 欺骗能发生在 TCP/IP 系统的所有层次上，包括数据链路层、网络层、传输层等底层及应用层均容易受到影响。如果底层受到损害，则应用层的所有协议都将处于危险之中。另外，由于用户本身不直接和底层互相交流，因而对底层的攻击更具有欺骗性。

6) 网络监听

网络监听是主机的一种工作模式，在这种模式下，主机能接收到本网段在同一条物理通道上传输的所有信息，而不管这些信息的发送方和接收方是谁。因为系统在进行密码校验时，用户输入的密码需要从用户端传送到服务器端，而攻击者就能在两端之间进行数据监听。此时若两台主机进行通信的信息没有加密，只要使用某些网络监听工具(如 NetXRay for Windows 95/98/NT、Sniffit for Linux 等)就可轻而易举地截取包括口令和账号在内的信息资料。虽然网络监听获得的用户账号和口令具有一定的局限性，但监听者往往能够获得其所在网段的所有用户的账号及口令。

7) 黑客软件

利用黑客软件攻击是互联网上使用比较多的一种攻击方法。Back Orifice 2000、冰河等都是比较著名的特洛伊木马，它们能非法取得用户计算机的终极用户级权利，能对其进行完全的控制，除了能进行文件操作外，也能进行对方桌面抓图、取得密码等操作。这些黑客软件分为服务器端和用户端，当黑客进行攻击时，会使用用户端程式登录已安装好服务器端程式的计算机。这些服务器端程式都比较小，一般会附带于某些软件上，有可能当用户下载了一个小游戏并运行时，黑客软件的服务器端就安装完成了，而且大部分黑客软件的重生能力比较强，会给用户清除造成一定的麻烦。特别是一种 TXT 文件欺骗方法，从表面看是个 TXT 文本文件，但实际上却是个附带黑客程式的可执行程式。另外，有些程式也会伪装成图片和其他格式的文件。

8) 安全漏洞

许多系统都有这样那样的安全漏洞(Bug)，其中一些是操作系统或应用软件本身具有的，如缓冲区溢出攻击。由于很多系统在不检查程式和缓冲之间变化的情况下就接受任意长度的数据输入，把溢出的数据放在堆栈里，还照常执行命令。这样攻击者只要发送超出缓冲区所能处理的长度的指令，系统便进入不稳定状态。若攻击者特别设置一串准备用作攻击的字符，他甚至能访问根目录，从而拥有对整个网络的绝对控制权。另一些是利用协议漏洞进行攻击。IMAP(Internet Mail Access Protocal，Internet 邮件访问协议)和 POP3(Post Office Protocol-Versiton3，邮局协议版本 3)一定要在 UNIX 根目录下运行，攻击者利用这一漏洞攻击 IMAP，破坏系统的根目录，从而获得终极用户的特权。又如，控制报文协议(Internet Control Message Protocol，ICMP)也经常被用于发动拒绝服务攻击，具体方法就是向目的服务器发送大量的数据包，几乎占取该服务器所有的网络宽带，从而使其无法对正常的服务请求进行处理，进而导致网站无法进入、网站响应速度大大降低或服务器瘫痪。常见的蠕虫病毒和其同类的病毒都能对服务器进行拒绝服务攻击的进攻。它们的繁殖能力很强，一般通过 Microsoft 的 Outlook 软件向众多邮箱发送带有病毒的邮件，使邮件服务器无法承担如此庞大的数据处理量而瘫痪。个人上网用户也有可能遭到大量数据包的攻击而无法进行正常的网络操作。

9) 端口扫描

端口扫描就是利用 Socket 编程和目标主机的某些端口建立 TCP 连接、进行传输协议的验证等，从而侦知目标主机的扫描端口是否处于激活状态、主机提供了哪些服务、提供的服务中是否含有某些缺陷等。常用的扫描方式有 Connect 扫描、Fragmentation 扫描等。

4. 攻击位置

根据攻击位置，攻击可分为远程攻击、本地攻击和伪远程攻击。

(1) 远程攻击：外部攻击者通过各种手段，从该子网以外的地方向该子网或者该子网内的系统发动攻击。

(2) 本地攻击：本单位的内部人员通过所在的局域网向本单位的其他系统发动攻击，在本级上进行非法越权访问。

(3) 伪远程攻击：内部人员为了掩盖攻击者的身份，从本地获取目标的一些必要信息后，从外部远程发动攻击，造成外部入侵的现象。

6.3 局域网安全隐患的防治策略

随着信息化的不断发展及各类网络版应用软件的推广应用，计算机网络在提高数据传输效率，实现数据集中、数据共享等方面发挥着越来越重要的作用，网络与信息系统已逐步成为各项工作的重要基础。为了确保各项工作的安全高效运行，保证网络信息安全以及网络硬件和软件系统的正常顺利运转是基本前提，因此计算机网络和系统安全建设就显得尤为重要。

1. 对局域网内部重要数据进行备份，做好网络安全协议的配置

局域网内部存在着非常重要的信息，必须及时对这些信息进行完整的备份，以便在出现问题时及时恢复。备份通常包括两方面：一方面是对于局域网内部的重要数据的备份，另一方面是对于核心设备和线路的备份。对于局域网内部的网页服务器，一定要安装网页防篡改系统，从而避免网页被恶意篡改。对于局域网中核心设备的系统配置，必须进行定期和不定期的检查和备份，从而在设备发生问题时可以进行紧急恢复。对于局域网内部的核心线路，应该保持完备和做出适当的备份，从而在一些线路发生问题时可以及时采用备份线路来维持整个局域网的正常工作。

2. 建立局域网统一防病毒系统

传统的单机防病毒形式已经不能满足局域网安全的需要，必须建立局域网统一防病毒系统，利用全方位的防病毒产品，对局域网内部各个可能的病毒攻击点都进行相应的防护，通过病毒软件的安装来实现全方位、多层次的病毒防治功能。与此同时，实现局域网统一防病毒系统的定期自动升级，能更好地避免病毒的攻击。

具体来说，局域网统一防病毒系统应该包括防病毒服务器和客户端这两个模块。防病毒服务器是整个系统的控制中心，负责全面防治病毒。通过客户端安装或者网络分发的方式，可以在所有的工作站上安装客户端软件，同时设置所有的工作站都必须接受服务器的统一管理和部署。局域网管理员仅仅通过控制台软件，就可以实现统一清除和防治局域网内部所有计算机的病毒的目标。一旦出现新病毒库，只需更新防病毒服务器上的病毒库即可，客户端能够自动从防病毒服务器下载并更新病毒库。局域网统一防病毒系统不但能够实现及时方便地更新病毒库，而且可以实现统一彻底的病毒防杀，具备操作简单快捷的特点，因此非常有利于局域网的病毒防治。360安全卫士就是一个很好的局域网防病毒软件。

3. 合理安装配置防火墙

防火墙是一种非常科学有效且应用广泛的保证局域网安全的软件，有利于避免互联网上的不安全因素侵入局域网内部。合理安装配置防火墙，可以在利用局域网进行通信时执行一种访问控制列表，允许合法的用户和数据访问局域网，并且拒绝非法的用户和数据对局域网的访问，从而使黑客对局域网的攻击行为得到最大限度的阻止，避免黑客对局域网上重要信息的随意更改、移动甚至删除。为了切实做好局域网的安全工作，必须按照局域网的安装要求，严格配置防火墙内部的服务器和客户端的各种规则。PIX 是 CISCO 公司开发的防火墙系列设备，主要起到策略过滤、隔离内外网，根据用户实际需求设置 DMZ(停火区)，是实现局域网安全的科学有效的方案。

4. 配备入侵检测系统和漏洞扫描系统

入侵检测系统是防火墙的必要补充部分，能够实现更加全面的安全管理功能，有利于局域网更好地应对黑客攻击。入侵检测系统可以对内外网之间传输的数据进行实时捕获，通过内置的攻击特征库，利用模式匹配和智能分析的方法，对局域网内部可能出现的入侵行为和异常现象进行实时监测，同时进行记录。另外，入侵检测系统也能够产生实时报警，从而有利于局域网管理员及时进行处理和应对。

另外，还要配备漏洞扫描系统。在计算机网络飞速发展的形势下，局域网中也不可避免地出现各种各样的安全漏洞或者"后门"程序。为了进行有效的应对，必须配备现代化的漏洞扫描系统来对局域网工作站、服务器等进行定期以及不定期的安全检查，同时提供非常具体的安全性分析数据，提示对局域网内部存在的各种安全漏洞及时进行修复。

Microsoft 基准安全分析器(Microsoft Baseline Security Analyzer，MBSA)是微软公司整个安全部署方案中的一种，可以从微软公司的官方网站下载。MBSA 能扫描安装 Windows 系统的计算机，并检查操作系统和已安装的其他组件(如 IIS 和 SQL Server)，以发现安全方面的配置错误，并通过推荐的安全更新及时进行修补。

通过多种形式的安全产品的配备，不但可以有效防护、预警和监控局域网存在的各种安全隐患，有效阻断黑客的非法访问以及不健康的信息，而且能够及时发现和处理局域网中存在的故障。

5. 运用 VLAN 技术

VLAN(Virtual Local Area Network)即虚拟局域网，是一种实现虚拟工作组的先进技术，能够对局域网内的设备进行逻辑分段，产生多个不同的网段。VLAN 技术的关键就是对局域网进行分段，可以按照各种各样的应用业务和对应的安全级别，将整个局域网划分为多个不同的 VLAN 来实现隔离，同时能够进行相互间的访问控制，对于限制非法用户对局域网的访问起到非常大的作用。对于利用 ATM(Asynchronous Transfer Mode，异步传输模式)或者以太交换方式的交换式局域网技术的局域网络，能够通过 VLAN 技术的有效利用来切实加强对内部网络的管理，从而更加有效地保障局域网安全。

6. 运用访问控制技术

访问控制技术的运用，可以保证局域网内部的数据不被非法使用或者非法访问。一般来说，用户的入网访问控制主要包括用户名和用户口令的识别与验证、用户账户的缺省限制检查等几个方面。一旦用户连接并且登录局域网，局域网管理员就能够授予该用户适当的访问控制权限，用户仅仅可以在自身的权限范围内进行数据的增加、修改、删除等操作。因此，通过这种方式，局域网内部的数据只能够被授权用户进行访问。当一个主体访问一个客体时，必须符合各自的安全级别需求，应遵守如下两个原则：

(1) Read Down：主体安全级别必须高于被读取对象的级别。

(2) Write Up：主体安全级别必须低于被写入对象的级别。

应该注意的是，对于访问控制权限的设定一定要严格按照最小权限原则，也就是说，用户所拥有的权限不能超过其实现某个操作所必需的权限。只有明确用户的操作，找出实现用户操作的最小权限集，根据这个最小权限集，对用户的权限进行限制，才能实现最小权限原则。

7. 建立良好的人才队伍，提高计算机操作人员的安全意识

为了保证局域网的安全，建立良好的人才队伍是非常重要的。建立具备较高的专业水平、较好的业务能力、较强的工作责任心的人才队伍，可以做好局域网的合理规划与建设，利用最为先进的技术来防治局域网的各种安全隐患，切实保证局域网日常的维护及管理工作。与此同时，也应该提高计算机操作人员的安全意识，开展有关局域网安全的教育培训，建立健全科学合理的规章制度，切实提高所有人的安全意识。要求计算机操作人员必须规范操作局域网设备，合理设置设备和软件的密码，特别是服务器密码，必须是系统管理员才能掌握。

6.4　数据加密技术

所谓数据加密(Data Encryption)，是指将一条信息(Plain Text，或称明文)经过加密钥匙(Encryption Key)及加密函数转换变成无意义的密文(Cipher Text)，而接收方则将此密文经过解密函数、解密钥匙(Decryption Key)还原成明文。数据加密技术是网络安全技术的基石。

6.4.1　数据加密方式

数据加密方式主要有对称加密、非对称加密、同态加密、差分隐私、安全多方计算等，下面主要就对称加密和非对称加密作一介绍。

1. 对称加密

对称加密就是加密和解密使用同一个密钥，通常称之为"Session Key"。这种加密技术目前被广泛采用，如美国政府所采用的数据加密标准就是一种典型的对称加密，它的 Session Key 长度为 56 bit。

2. 非对称加密

非对称加密就是加密和解密所使用的不是同一个密钥，通常有两个密钥，称为公钥和私钥，它们必须配合使用，否则不能打开加密文件。这里的公钥是指可以对外公布的，私钥则不能。

3. 对称加密与非对称加密方式的区别

对称加密方法在网络上传输加密文件很难安全地把密钥告诉对方，不管用什么方法都

有可能被窃听到。而非对称加密方法有两个密钥，公钥是可以公开的，解密时只需要用私钥即可，这样就避免了密钥的传输安全性问题。

6.4.2　对称加密常用算法

常用的对称加密算法有 DES、3DES 和 AES。

(1) DES(Data Encryption Standard，数据加密标准)：该加密算法速度较快，适用于加密大量数据的场合。

(2) 3DES(Triple DES，三次数据加密)：基于 DES，对数据用三个不同的密钥进行三次加密，强度更高。

(3) AES(Advanced Encryption Standard，高级加密标准)：下一代加密算法标准，速度快，安全级别高，支持 128、192、256、512 位密钥的加密。

这些算法有以下特征：

(1) 加密方和解密方使用同一个密钥。

(2) 加密解密的速度比较快，适合数据比较长时使用。

(3) 密钥传输的过程不安全，且容易被破解，密钥管理也比较麻烦。

6.4.3　非对称加密常用算法

常用的非对称加密算法有 RSA 算法、DSA(Digital Signature Algorithm)算法和 ECC(Elliptic Curve Crypto，椭圆曲线加密)算法。

1. RSA 算法

RSA 算法是目前最有影响力的公钥加密算法，由 Ron Rivest、Adi Shamir 和 Leonard Adleman 一起提出，RSA 就是他们三人姓氏开头字母拼在一起组成的。该算法基于一个十分简单的数论事实：将两个大素数相乘十分容易，但想要对其乘积进行因式分解却极其困难，因此可以将乘积公开作为加密密钥，即公钥，而两个大素数组合作为私钥。公钥是可发布的，供任何人使用，私钥则为自己所有，供解密之用。

由于进行的都是大数计算，致使 RSA 算法在最快的情况下解密也比 DES 算法慢很多，无论是通过软件还是硬件实现。速度一直是 RSA 算法的缺陷，一般来说只用于少量数据加密。RSA 算法的速度是对应安全级别的对称密码算法的 1/1000 左右。

相比 DES 和其他对称算法，RSA 算法要慢得多。实际使用时，RSA 算法不用来加密消息，而是用来加密传输密钥，加密消息用对称算法，如 DES 算法。这样对随机数的要求就更高了，尤其对产生对称密码的要求非常高，否则可以越过 RSA 算法来直接攻击对称密码。

2. DSA 算法

DSA 算法是 Schnorr 和 ElGamal 签名算法的变种，被美国国家标准技术研究所(NIST)作为数据签名标准。

DSA 算法是一种更高级的验证方式，不单单有公钥和私钥，还有数字签名。私钥加密生成数字签名，公钥验证数据及签名，如果数据和签名不匹配则认为验证失败。数字签名的作用是校验数据在传输过程中是否被修改，是单向加密的升级。数字签名原理如图 6.1 所示。

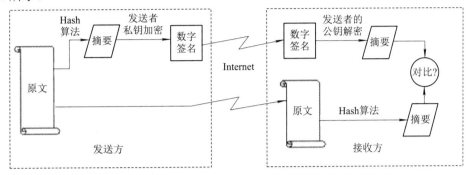

图 6.1　数字签名原理图

DSA 算法步骤如下：

(1) 使用消息摘要算法将发送数据加密生成数字摘要。

(2) 发送方用自己的私钥对摘要再加密，形成数字签名。

(3) 将原文和加密的摘要同时传给接收方。

(4) 接收方用发送方的公钥对摘要解密，同时对收到的原文用消息摘要算法产生另一摘要。

(5) 将解密后的摘要与接收方重新加密产生的摘要相互对比，如果两者一致，则说明在传送过程中信息没有破坏和篡改，否则说明信息已经失去安全性和保密性。

3. ECC 算法

ECC 算法是一种公钥加密算法，最初由 Koblitz 和 Miller 两人于 1985 年提出，其数学基础是利用椭圆曲线上的有理点构成 Abel 加法群上椭圆离散对数的计算困难性。公钥密码体制根据其所依据的难题一般分为三类：大整数分解问题类、离散对数问题类和椭圆曲线类。

ECC 的主要优势是在某些情况下相比其他的方法(如 RSA)可使用更小的密钥，提供相当的或更高等级的安全。ECC 的另一个优势是可以基于 Weil 对或 Tate 对定义群之间的双线性映射。双线性映射已经在密码学中有了大量的应用，例如基于身份的加密。ECC 的缺点是加密和解密操作的实现比其他机制花费的时间长。

ECC 被广泛认为是在给定密钥长度的情况下最强大的非对称算法，因此在对带宽要求十分高的连接中非常有用。

6.5　防火墙技术

防火墙是一个由计算机硬件和软件组成的系统，部署于网络边界，不但是内部网络和外部网络之间的连接桥梁，而且可对进出网络边界的数据进行保护，防止恶意入侵、恶意代码的传播等，保障内部网络数据的安全。防火墙技术是建立在网络技术和信息安全技术基础上的应用型安全技术，大多数企业内部网络与外部网络(如因特网)相连接的边界都会设置防火墙。防火墙能够起到安全过滤和隔离外网攻击、入侵等有害的网络安全信息和行为。

6.5.1 防火墙的概念

防火墙是位于两个或多个网络之间，执行访问控制策略的一个或一组系统，是一类防范措施的总称。防火墙的作用是防止未经授权的通信进出被保护的网络，通过边界控制强化内部网络的安全策略。防火墙通常设置在外部网络和内部网络之间，执行网络边界的过滤封锁机制。

防火墙是一种逻辑隔离部件，而不是物理隔离部件，它所遵循的原则是在保证网络畅通的情况下，尽可能地保证内部网络的安全。防火墙是在已经制定好的安全策略下进行网络控制，所以一般情况下它是一种静态安全部件，但随着防火墙技术的发展，防火墙通过与入侵检测系统(Instrusion Detection System，IDS)进行联动，或其本身集成 IDS 功能，也能够根据实际情况进行动态的策略调整。

6.5.2 防火墙的功能

1. 访问控制功能

访问控制功能是防火墙最基本也是最重要的功能，通过禁止或允许特定用户访问特定的资源，从而保护网络的内部资源和数据。对于禁止非授权的访问功能，防火墙需要识别哪个用户可以访问何种资源，它包括服务控制、方向控制、用户控制、行为控制等功能。

2. 内容控制功能

防火墙根据数据内容进行控制，比如可以从电子邮件中过滤掉垃圾邮件，可以过滤掉内部用户访问外部服务的图片信息；也可以限制外部访问，使其只能访问本地 Web 服务器中的部分信息。简单的数据包过滤路由器不能实现这样的功能，但是代理服务器和先进的数据包过滤技术可以做到。

3. 全面的日志功能

防火墙的日志功能很重要，防火墙需要完整地记录网络访问情况，包括内外网进出的访问，需要记录访问是什么时候进行了什么操作，以检查网络访问情况。一旦网络发生了入侵或遭到了破坏，就可以对日志进行审计和查询。

4. 集中管理功能

防火墙是一种安全设备，针对不同的网络情况和安全需要，需要制订不同的安全策略，然后在防火墙上实施，使用中还需要根据情况改变安全策略。在一个安全体系中，防火墙可能不止一台，所以防火墙应该是易于集中管理的，这样管理员就可以方便地实施安全策略。

5. 自身的安全和可用性

防火墙要保证自身的安全，不被非法侵入，保证正常的工作。如果防火墙被侵入，防火墙的安全策略被修改，这样内部网络就变得不安全。防火墙也要保证网络连接的可用性，否则网络就会中断，网络连接就会失去意义。

6. 附加功能

(1) 流量控制：针对不同的用户限制不同的流量，可以合理使用带宽资源。

(2) 网络地址转换：通过修改数据包的源地址(端口)或目的地址(端口)来达到节省 IP 地址资源，隐藏内部 IP 地址的目的。

(3) 虚拟专用网：利用数据封装和加密技术，使本来只能在私有网络上传送的数据能够通过公共网络进行传输，使系统费用大大降低。

6.5.3　防火墙的优点和局限性

防火墙提高了内部网络安全性，但无法防范内部用户对数据的窃取、更改和破坏。如果入侵者已经在防火墙内部，则防火墙是无能为力的。内部用户可以偷窃数据，破坏硬件和软件，并且巧妙地修改程序而不接近防火墙。对于来自内部用户的威胁，只能要求加强内部管理，如提升主机安全和加强用户教育等。

1. 优点

(1) 防火墙实现了对企业内部网集中的安全管理，可以强化网络安全策略，比分散的主机管理更经济易行；

(2) 防火墙能防止非授权用户进入内部网络；

(3) 防火墙可以方便地监视网络的安全性并报警；

(4) 防火墙可以作为部署网络地址转换的地点，利用网络地址转换(Network Address Translation，NAT)技术，可以缓解地址空间的短缺，隐藏内部网的结构；

(5) 由于所有的访问都经过防火墙，防火墙是审计和记录用户的访问和操作的最佳地方。

2. 局限性

(1) 为了提高安全性，防火墙限制或关闭了一些有用但存在安全缺陷的网络服务，给用户带来了使用上的不便；

(2) 目前防火墙对于来自网络内部的攻击无能为力；

(3) 防火墙不能防范不经过防火墙的攻击，如内部网用户通过串行链路接口协议(SLIP)或点到点协议(PPP)直接进入 Internet；

(4) 防火墙对用户不完全透明，可能带来传输延迟、瓶颈及单点失效；

(5) 防火墙不能完全防止受病毒感染的文件或软件的传输；

(6) 防火墙不能有效地防范数据驱动式攻击；

(7) 防火墙不能阻止因特网不断出现的新的攻击和威胁。

6.5.4　防火墙的分类

防火墙的分类方法比较多，从不同角度看有不同分类。按软、硬件形式的不同，防火墙可分为软件防火墙、硬件防火墙和芯片级防火墙。按所用技术不同，防火墙可分为包过滤型防火墙、代理服务型防火墙、状态检测防火墙、电路层网关、混合型防火墙和应用层网关。下面主要从所用技术角度介绍各类防火墙。

1. 包过滤型防火墙

包过滤是指完成分析、选择和过滤的工作，通常作用在网络层。该技术作为一种数据安全保护机制，主要功能是实现监测、限制和修改数据流。它通常由定义的各条数据安全规则所组成，对外部网络实施屏蔽内部网的信息和维护管理。这种类型的防火墙可在 OSI 的网络层与数据传输层中运行，能够按照相关标志(如端口号、网络通信协议类型以及目的地址等)确定是否允许数据包通过。所有数据包必须满足防火墙的过滤条件，才能被送达指定的目的地址；无法满足条件的数据包，则会被防火墙自行过滤掉。包过滤型防火墙的结构如图 6.2 所示。

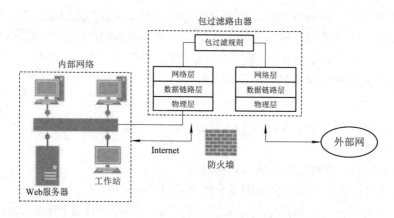

图 6.2   包过滤型防火墙的结构图

在各种类型的防火墙当中，包过滤型防火墙是通用性最强、性价比最高且较为有效的一种网络安全措施。这种类型的防火墙在所有的网络服务中均适用，并且绝大部分的路由均具有过滤功能，可在一定程度上满足网络用户的安全需要。包过滤型防火墙的应用优势非常明显，不需要对任何应用程序进行改动。需要注意的是，在应用此类防火墙时，由于部分过滤器中过滤规则的数目是有限的，如果数目超过限制，则会导致过滤器的性能下降，可能会导致一些信息无法被滤除，从而增大了网络安全隐患。所以，可将包过滤型防火墙与网关进行联合使用，构成防火墙系统，由此可对计算机网络进行有效的保护。这种防火墙技术方案在很多企事业单位中被广泛应用，效果较好。

2. 代理服务型防火墙

代理服务是运行在防火墙主机上的一些特定的应用程序或者服务器程序，将用户对互联网的服务请求依据已制定的安全规则向外提交。代理服务替代了用户与互联网的连接，对于用户请求的外界服务而言，代理服务相当于一个网关。代理服务型防火墙可在 OSI 的应用层中运行，应用层作为 OSI 的最高层，其安全性非常重要。代理服务型防火墙的主要功能是阻隔网络通信的数据流，借助专门的代理程序，可对应用层通信流进行监视和控制，进而达到确保网络安全的目的。应用层网关模型的结构如图 6.3 所示。

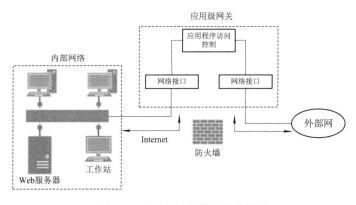

图 6.3 应用层网关模型的结构图

在计算机网络中，应用网关是代理服务型防火墙较为常见的一种形式，其能够借助代理技术参与传输控制协议的连接。从内网中发出的数据包经应用网关处理后，可对内网的结构进行隐藏。一些网络专家认为，应用网关是安全性较高的防火墙，代理服务器是它的核心，在数据流过程中实现客户机与服务器的桥接作用。

随着代理服务型防火墙的不断改进和完善，自适应代理随之出现，并成为一种新型的防火墙。其除了安全性较高之外，还具有较快的速度，在保证安全性的同时，可以大幅度提升代理服务型防火墙的整体性能。动态包过滤和具备自适应能力的代理服务器是自适应代理防火墙的主要组成部分，在这两个部分之间有同一个控制通道，在配置防火墙的过程中，用户可按照自己的实际需求进行设置，如所需的服务类型、安全级别等。由于该防火墙采用的是代理机制，从而使内网与外网不能直接进行通信，必须通过代理审核，所以可防止黑客对内网的非法入侵。

代理服务型防火墙技术的特点是不仅能实现包过滤型防火墙的功能，而且完全禁止内网与外网的直接通信，使得内部系统真正地独立于外部系统。代理技术在实现过滤数据流的同时完成核对识别用户的身份。代理服务型防火墙技术采用相应的安全策略方法，按照一定的策略规则或算法来保障安全体系，在高层实现过滤功能。代理服务位于内部网络的用户和外部网络的服务之间，内外各个站点之间的连接被切断了，都必须经过代理方才能相互连通，所以它在很大程度上是透明的。代理技术相对包过滤技术更为安全，因此在实际应用中较为普及。

3. 状态检测防火墙

状态检测技术工作在网络层，与包过滤和应用代理技术不同。包过滤型和代理服务型防火墙是根据数据信息提取相应的行为规则，以其为基础建立相应的安全模型，而状态检测防火墙则是预置安全模型，将新建立连接的全部分散的数据包作为对象，通过散列算法进行检测。在检测所有数据流的数据同时分析数据流的状态，因此状态检测是基于连接状态的检测和过滤。它在传统包过滤技术基础上进行了功能扩展和延伸。状态检测技术是建立在网关上的安全检测模块，在不影响正常通信的前提下抓取数据流信息进行审计和分析，通过随机监测分析其中部分状态信息，并被动态地保存起来建立策略规则表，分析识别表中的各个连接状态信息。由于存在危险的协议大都会被网关过滤掉，所以不会对内网的安全造成威胁，这是一种安全控制较为有效的途径。状态检测防火墙在安全性能上有较大程度的提升，而且规范了网络层和传输层行为，所以又被称作第三代防火墙技术。

如图 6.4 所示，状态检测技术是在不影响正常通信前提下抽取数据流中的数据进行检测，解决了包过滤技术的不灵活性和代理技术的局限性。

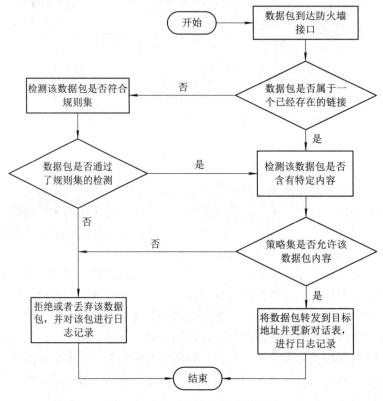

图 6.4 状态检测防火墙工作原理

4. 其他类型的防火墙

1) 电路层网关

电路层网关是在网络的传输层上实施访问控制策略，是在内、外网络主机之间建立一个虚拟电路进行通信，相当于在防火墙上直接开了个端口进行传输，不像应用层防火墙那样能严密地控制应用层的信息。

2) 混合型防火墙

混合型防火墙把包过滤和代理服务等功能结合起来，形成新的防火墙结构，所用主机被称为堡垒主机，负责代理服务。各种类型的防火墙各有其优缺点。当前的防火墙产品已不是单一的包过滤型或代理服务型防火墙，而是将各种安全技术结合起来，形成一个混合的多级防火墙系统，以提高防火墙的灵活性和安全性。常混合采用以下几种技术：① 动态包过滤；② 内核透明技术；③ 用户认证机制；④ 内容和策略感知能力；⑤ 内部信息隐藏；⑥ 智能日志、审计和实时报警；⑦ 防火墙的交互操作性；⑧ 将各种安全技术结合等。

3) 应用层网关

应用层网关使用专用软件转发和过滤特定的应用服务，如 Telnet(Internet 远程登录)和 FTP 等服务连接。这是一种代理服务，代理服务技术适应于应用层。它由一个高层的应用网关作为代理器，通常由专门的硬件来承担。代理服务器在接受外来的应用控制的前提下使用内部网络提供的服务。也就是说，它只允许代理服务通过，即只有那些被认为"可依赖"的服务才允许通过防火墙。应用层网关有登记、日志、统计和报告等功能，并有很好的审计功能和严格的用户认证功能。应用层网关的安全性高，但它要为每种应用提供专门的代理服务程序。

6.6 项 目 实 训

实训 6.6.1 360 安全卫士和火绒安全软件的安装及使用

✦ **实训目的**

(1) 掌握 360 安全卫士的安装及使用；
(2) 掌握火绒安全软件的安装及使用。

✦ **实训环境**

网络实训室。

✦ **实训内容及步骤**

1. 360 安全卫士

1) 安装 360 安全卫士

如果已安装 360 安全卫士则跳至第 2)步。

(1) 用浏览器打开 360 安全卫士下载网站(https://weishi.360.cn/jisu/?source=homepage/)，单击"立即下载"下载软件，如图 6.5 所示。

图 6.5 下载 360 安全卫士软件

(2) 双击打开安装包，如图 6.6 所示。

图 6.6   打开安装包

(3) 单击"同意并安装"(也可以先单击"浏览"选择其他路径)，如图 6.7 所示。

图 6.7   设置路径

(4) 安装完成后会提示 360 安全卫士已安装完成，如图 6.8 所示。

图 6.8   安装完成

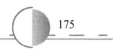

2）打开软件进行杀毒

(1) 用 360 安全卫士进行杀毒，打开后单击"木马查杀"，如图 6.9 所示。

图 6.9　木马查杀

(2) 在弹出的界面中单击"全盘查杀"，如图 6.10 所示。

图 6.10　全盘查杀

(3) 等待扫描完成，如图 6.11 所示。

图 6.11　木马查杀扫描中

(4) 扫描完成后单击"一键处理"，如图 6.12 所示。

图 6.12　一键处理

(5) 杀毒完成，如图 6.13 所示。

图 6.13　杀毒完成

2. 火绒杀毒软件

(1) 用浏览器打开火绒安全软件下载网站(https://huorong.cn/person5.html)，单击"免费下载"，如图 6.14 所示。

图 6.14　火绒安全软件下载

(2) 下载完成后，双击打开安装包，如图 6.15 所示。

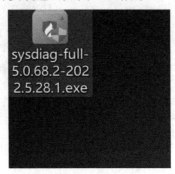

图 6.15　打开安装包

(3) 在弹出的界面中单击"极速安装"(也可以先单击"安装目录"选择其他路径)，如图 6.16 所示。

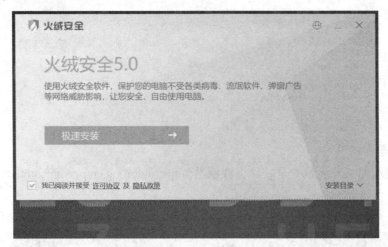

图 6.16　设置路径

(4) 用火绒安全软件进行杀毒，打开后单击"全盘查杀"，如图 6.17 所示。

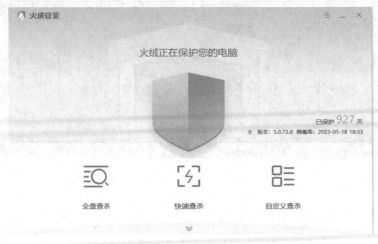

图 6.17　全盘查杀

(5) 等待扫描完成，如图 6.18 所示。

图 6.18　正在扫描

(6) 扫描完成后，单击"立即处理"，如图 6.19 所示。

图 6.19　扫描完成

(7) 杀毒完成，如图 6.20 所示。

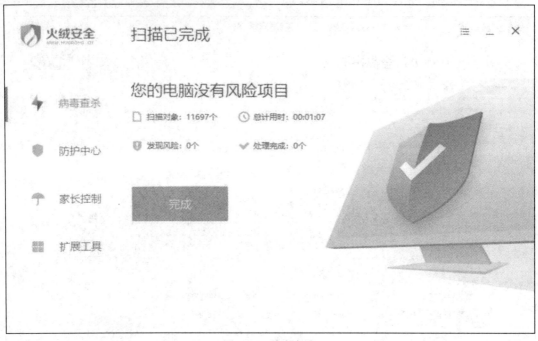

图 6.20 杀毒完成

实训 6.6.2 防火墙的设置

✦ 实训目的

(1) 了解防火墙的工作原理；
(2) 掌握 Windows 防火墙的基本配置。

✦ 实训环境

网络实训室。

✦ 实训内容及步骤

1. 开启防火墙

打开"控制面板"→"系统和安全"→"Windows 防火墙"，单击选择其中的"启用 Windows Defender 防火墙"，如图 6.21 所示。

图 6.21 开启防火墙

2. 配置防火墙阻止主机响应外部 ping

(1) 使用另一台主机(或者手机下载具备 ping 功能的 APP)对本机执行 ping 检测，如图 6.22 所示。如果能够收到本机的 ping 回复，那么执行下一步。

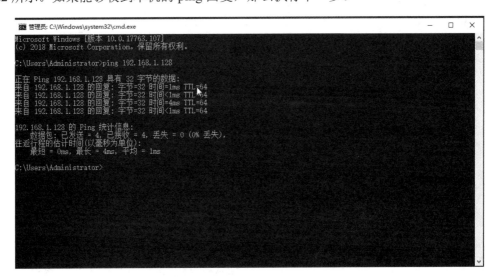

图 6.22 执行 ping 检测

(2) 打开防火墙中的"高级设置"→"入站规则"→"新建规则"，新建入站规则阻止本机对 ping 的回应。具体规则设置过程如下：

① 单击"新建规则"后，弹出"规则类型"界面，选择"自定义"，如图 6.23 所示。

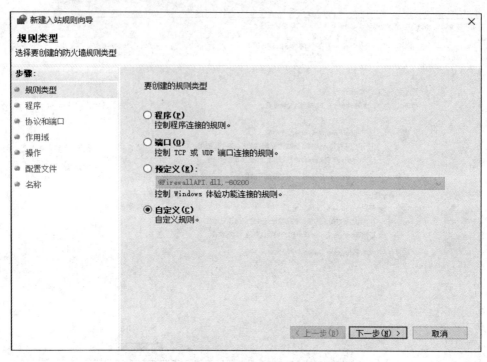

图 6.23　规则类型选择

② 进行协议和端口设置，协议类型选"ICMPv4"，如图 6.24 所示。

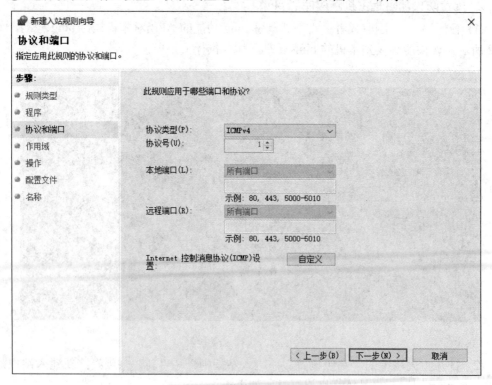

图 6.24　协议和端口设置

③ 进行操作设置，选择"阻止连接"，如图 6.25 所示。

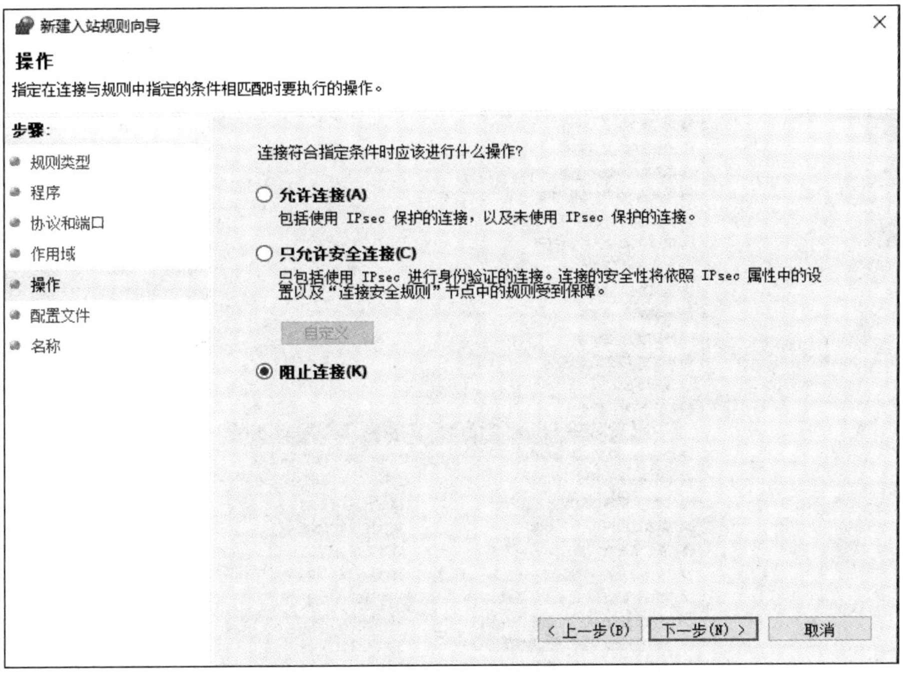

图 6.25　操作界面

④ 设置名称为"阻止 ping"，然后单击"完成"，如图 6.26 所示。"阻止 ping"规则即已建成，并显示该新建规则已启用，如图 6.27 所示。

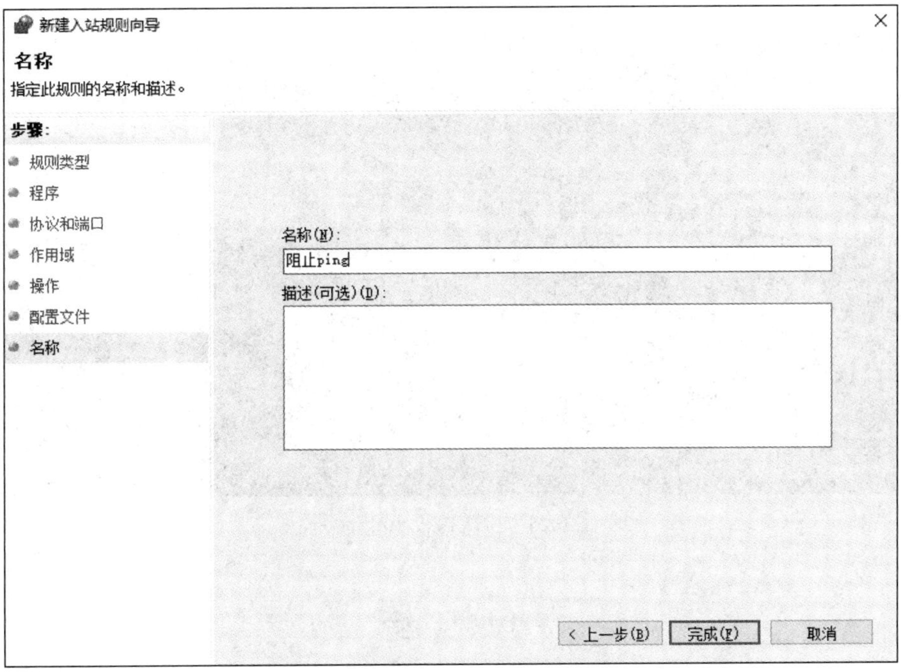

图 6.26　设置名称

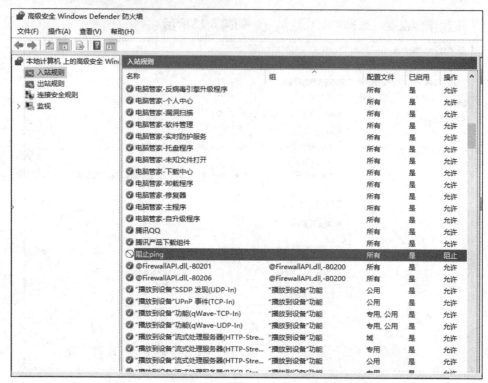

图 6.27　新建规则已启用

⑤ 使用另一台主机(或者手机)对本机再次执行 ping 检测看是否能够收到本机的回复，结果显示"请求超时"，如图 6.28 所示。

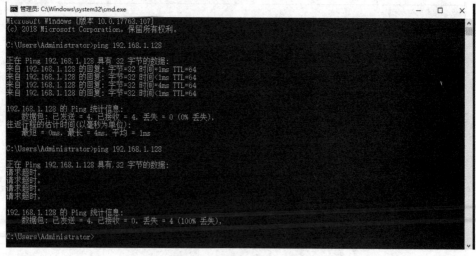

图 6.28　再次执行 ping 检测

小　结

局域网大都采用以广播为技术基础的以太网，任何两个节点之间的通信数据包，不仅为这两个节点的网卡所接收，也同时为处在同一以太网上的任何一个节点的网卡所截取。因此，攻击者只要接入以太网上的任一节点进行侦听，就可以捕获发生在这个以太网上的所有数据包，对其进行解包分析，从而窃取关键信息，这就是以太网所固有的安全隐患。本项目针对以上情况介绍了局域网安全隐患的防治策略、数据加密以及防火墙的应用。

习　题

1. 选择题

(1) FQDN 的简称是(　　)。

A. 相对域名　　　B. 绝对域名　　　C. 基本域名　　　D. 完全限定域名

(2) 对于域名 test.com，DNS 服务器的查找顺序是(　　)。

A. 先查找 test 主机，再查找 .com 域

B. 先查找 .com 域，再查找 test 主机

C. 随机查找

D. 以上答案皆是

(3) (　　)命令可以手动释放 DHCP 客户端的 IP 地址。

A. ipconfig　　　　　　　　　B. ipconfig/renew

C. ipconlig/all　　　　　　　　D. ipconfig/release

(4) 作用域选项不可以配置 DHCP 客户端的是(　　)。

A. 默认网关　　　　　　　　　B. DNS 服务器地址

C. 子网掩码　　　　　　　　　D. IP 地址

(5) 某 DHCP 服务器的地址池范围为 192.36.96.101～192.36.96.150，该内段下某 Windows 工作站启动后，自动获得的 IP 地址是 169.254.220.167，其原因是(　　)。

A. DHCP 服务器提供保留的 IP 地址

B. DHCP 服务器不工作

C. DHCP 服务器设置租约时间太长

D. 工作站接到了网段内其他 DHCP 服务器提供的地址

(6) 当 DHCP 客户机使用 IP 地址的时间到达租约的(　　)时，DHCP 客户机会自动尝试续订租约。

A. 50%　　　　　B. 70%　　　　　C. 40%　　　　　D. 90%

(7) DHCP 服务器分配给客户机 IP 地址，默认的租用时间是(　　)。

A. 1 天　　　　　B. 3 天　　　　　C. 5 天　　　　　D. 8 天

(8) 在配置 IIS 时，如果想禁止某些 IP 地址访问 Web 服务器，应在"默认 Web 站点"的属性对话框中的(　　)选项卡中进行配置。

A. 目录安全性　　　　　　　　B. 文档

C. 主目录　　　　　　　　　　D. ISAPI 筛选器

(9) IIS 的发布目录(　　)。

A. 只能够配置在 C:\inetpub\wwwroot 上建大中型有线网络

B. 只能够配置在本地磁盘上

C. 只能够配置在联网的其他计算机上建无线网络

D. 既能够配置在本地的磁盘，也能配置在联网的其他计算机上

(10) FTP 站点的默认 TCP 端口号是(　　)。

A. 20　　　　　　B. 21　　　　　　C. 41　　　　　　D. 2121

2. 简答题

(1) 局域网有哪些安全隐患？

(2) 简述常见的网络攻击。

(3) 简述 DSA 算法实现步骤。

(4) 简述防火墙的功能及分类。

项目 7

网络故障排除

项目引入

作为网络工程人员，应当掌握网络发生故障的一些基本处理方法。本项目介绍网络故障排除流程、常见网络故障的表现以及常用网络故障排除工具的使用。

学习目标

- 掌握网络故障排除流程；
- 掌握常见网络故障的排除方法；
- 掌握网络故障排除工具的使用方法。

7.1　网络故障排除流程

长期从事网络部署、维护的工作人员会碰到很多网络问题，其中一些问题很容易诊断和纠正，但有些问题很难弄明白。通常，遇到这些问题时可以通过一些简单的步骤以收集信息并缩小问题的范围来排除网络故障。

1. 检查网络配置

网络故障排除过程可以通过验证用户所了解的主机来实现。方法是在两台主机上运行 ipconfig 命令，以确保它们使用的 IP 地址都在预期范围内。虽然操作很基本，但是运行 ipconfig 命令会暴露出问题根源。例如，一个系统如果没有接收到 IP 地址，可能是因为 DHCP 范围已经耗尽。

单独运行 ipconfig 命令可以显示分配给每个网络适配器的 IP 地址、子网掩码和默认网关。如果这些值没有问题，那么可以更进一步，运行 ipconfig/all 命令，这个操作会显示每个网络适配器的 DNS 服务器分配，验证系统是否使用预期的 DNS 服务器。

2. 测试名称解析

验证了源主机和目标主机的 IP 地址配置后，可以验证名称解析是否正常工作。测试 DNS 名称解析有各种不同的工具，但是最简单的方法是输入 nslookup 命令，然后输入另一个主机的完全限定域名。

nslookup 命令可以显示正在使用的 DNS 服务器，并告诉用户该 DNS 服务器是否对指定主机具有权威性。

从 nslookup 收到结果后，请检查以确保结果符合预期。DNS 服务器的 IP 地址应与主机的网络适配器配置使用的 DNS 服务器的 IP 地址匹配。同样，名称解析的地址应与已分配给远程主机(或远程主机上运行的服务)的 IP 地址匹配。

3. 验证网络路径

如果你的检查到目前为止没问题并且已产生预期结果，则下一步是验证远程主机的网络路径。最简单的方法是输入 Tracert 命令，然后输入远程主机的完全限定域名。Tracert 命令将显示数据包在路由到远程主机时所采用的路由。

如果某些跃点(即路由)被报告为"请求超时"，无须太担心，因为这只意味着主机配置为不响应 ICMP 消息。重要的是确保 Tracert 不会显示目的地无法到达(有时用!H 指示符表示)。目标主机不可达消息表示没有到目的地的路由或者 IP 地址无法解析为 L2 地址(即物理地址)。

4. 测试远程主机的响应能力

故障排除过程的下一步是测试是否可以与远程主机通信。这可能只是意味着 ping 远程主机。不幸的是，主机通常配置为不响应 ping 请求，因此这个测试并不可行。

在这种情况下需要进行某种测试，看看是否可以让主机响应，以验证两个主机之间是否存在连接以及远程主机是否仍然在线。如果不能使用 ping 命令，可以通过建立远程 PowerShell 会话来验证远程主机的响应能力。

5. 测试远程服务

如果已经确认本地和远程主机配置正确，并且名称解析和基本连接在两个方向上都正常工作，则问题很可能在于网络堆栈的更高级别。例如，如果目标主机是 Web 服务器，则即使基本通信测试成功，系统服务也已停止或者存在权限问题，这时就需要测试远程主机提供的任一服务。

需要注意的是，有时服务可能会受到较低级别依赖项的不利影响。例如，笔者曾经在 Exchange Server 系统上遇到过一些严重的通信问题，经过详尽的故障排除工作后，最终将问题锁定为系统的时间设置错误。

7.2　常见的网络故障

网络故障是指由于硬件的问题、软件的漏洞、病毒的侵入等引起网络无法提供正常服务或降低服务质量的状态。下面就常见网络故障现象及解决方法作一介绍。

故障 1　交换机刚加电时网络无法通信

【故障现象】

交换机刚刚开启的时候无法连接至其他网络，需要等待一段时间才可以。另外，需要使用一段时间之后，访问其他计算机的速度才快，如果有一段时间不使用网络，再访问的时候速度又会慢下来。

【故障分析】

由于这台交换机是一台可网管交换机，为了避免网络中存在拓扑环，从而导致网络瘫痪，网管交换机在默认情况下都启用生成树协议。这样即使网络中存在环路，也会只保留一条路径，而自动切断其他链路。所以，当交换机在加电启动的时候，各端口需要依次进入监听、学习和转发状态，这个过程需要 3~5 分钟。

如果需要迅速启动交换机，可以在直接连接到计算机的端口上启动"PortFast"，使得该端口立即并且永久转换至转发状态，这样设备可以立即连接到网络，避免端口由监听和学习状态向转发状态过渡而必需的等待时间。

【故障解决】

如果需要在交换机加电之后迅速实现数据转发，可以禁用生成树协议，或者将端口设置为 PortFast 模式。不过需要注意的是，这两种方法虽然省略了端口检测过程，但是一旦网络设备之间产生拓扑环，将导致网络通信瘫痪。

故障 2　5 口交换机只能使用 4 口

【故障现象】

办公室中有 4 台计算机，但是只有一个信息插座，于是配置了一台 5 口(其中一口为 UpLink 端口)交换机。原以为 4 台计算机刚好与 4 个接口连接，1 个 UpLink 端口用于连接局域网，但是接入网络之后，与 UpLink 端口相邻的 1 号口无法正常使用。

【故障分析】

UpLink 端口不能被看作是一个单独的端口，这是因为它与相邻端口其实就是一个端口，只是适用的连接对象不同而已。借助 UpLink 端口，集线设备可以使用直通线连接至另外一个集线设备的普通端口，这样就不必使用交叉线。

交换机和集线器的芯片数量通常为 4 的倍数，所以集线设备端口大多为 4 口、8 口、16 口、24 口等，如果制作成 5 口，就会浪费 3 个模块，从而增加成本。

【故障解决】

将 4 口交换机更换为 8 口交换机，即可解决故障。

故障 3　"COL"指示灯长亮或不断闪烁，无法实现通信

【故障现象】

局域网中计算机通过集线器访问服务器，但是某日发现所有客户端计算机无法与服务器进行连接，客户机之间 Ping 也时断时续。检查集线器发现"COL"指示灯不断闪烁或长亮。

【故障分析】

"COL"指示灯用于指示网络中的碰撞和冲突情况。"COL"灯不断闪烁，表明冲突发生；"COL"灯长亮则表示有大量冲突发生。导致冲突大量发生的原因可能是集线器故障，也可能是网卡故障。一般情况下，网卡出现故障的可能性比较小，因此应将重点放在对集线器的排除方面。

【故障解决】

更换集线器，网络恢复正常。

故障 4　升级至千兆网络之后，服务器连接时续时断

【故障现象】

原先服务器采用 10/100 Mb/s 网卡，运行一切正常。但是安装了一款 1000 Mb/s 网卡，用其连接至中心交换机的 1000Base-T 端口之后，服务器与网络的连接时续时断，连接极不稳定，无法提供正常的网络服务。使用网线测试仪测试网络，发现双绞线链路的连通性没有问题。

【故障分析】

在 100 Mb/s 时连接正常，只是在升级到 1000 Mb/s 时才发生故障，看来导致这种故障的原因可能是超五类布线问题。虽然从理论上说超五类系统支持 1000 Mb/s 的传输速率，但是如果双绞线、配线架、网线和其他网络设备的品质不是很好，或者端接工艺有问题，就无法实现 1000 Mb/s 带宽。

由于 1000Base-T 需要使用双绞线全部的 4 对线，每对线的有效传输速率为 250 Mb/s，并完成全双工传输，因此 1000Base-T 对双绞线的信号衰减、回波、返回耗损、串音和抗电磁干扰等电气性能有了更高的要求。如果双绞线或者其他配件的性能不好，就会在线对之间产生严重串扰，从而导致通信失败。

【故障解决】

考虑到五类布线系统的性能有可能无法满足千兆网络系统，更换为六类布线产品之后故障得到解决。

故障 5　尽管 Link 灯不停闪动，但网速却奇慢

【故障现象】

服务器上网速度很慢，开始时打开网页非常缓慢，后来甚至连网页都无法打开，ping 网站也无法解析地址。起初以为是 DNS 设置或者服务器故障，但是这些都正常运行。尝试 ping 其他计算机，发现丢包率很高。而此时交换机的 Link 指示灯不停闪烁，数据的交换非常频繁，说明计算机在不停地发送和接收数据包。关闭交换机之后再重新打开，故障现象得到缓解，但是一段时间之后又出现这种故障。

【故障分析】

从故障现象来看，这是网络内的广播风暴。广播风暴的产生有很多种原因，比如蠕虫病毒、交换机端口故障、网卡故障、链路冗余而没有启用生成树协议、网线线序错误或者受到干扰等。在网络故障发生的时候查看交换机指示灯是一个很便捷的判断方法，可以直观查看网络连通性和网络流量。

【故障解决】

就目前情况来看，蠕虫病毒是造成网络瘫痪的最主要原因。及时为服务器更新系统补丁，并且安装网络版本的病毒查杀软件，及时为服务器升级病毒库，在服务器安装防病毒客户端程序之后，故障得以解决。

故障 6　服务器资源共享故障

1) 无法将访问权限指定给用户

【故障现象】

整个网络使用的是 Windows 域，客户端是 Windows 2000 Professional。服务器的 IP 设

置为 192.168.0.1，DNS 是 127.0.0.1，路由器的内部 IP 地址是 192.168.0.1。客户端全部采用自动获取 IP 地址方式，并且同属于 Domain User 组。在服务器设置共享文件的时候，虽然可以指定权限，但是无法访问。

【故障分析】

在 Windows 域中，都是使用 NTFS(New Technology File System，一种磁盘格式)权限和共享权限来设置共享文件夹的访问权限。不过 NTFS 权限是高于共享文件夹权限的，也就是说必须先为欲共享的文件夹设置 NTFS 权限，然后再为其设置共享文件夹权限。如果两者发生冲突，那么将以 NTFS 权限为准。

【故障解决】

先为用户指定 NTFS 权限，然后再指定共享文件夹权限。例如需要给用户 A 创建一个共享文件夹 TESTA，使该共享文件夹能够被用户 A 完全控制，同时被其他任何用户访问，就要先设置 TESTA 的访问权限，为用户 A 指定"完全控制"权限，而为 Everyone 设置"只读"权限。同样，在设置共享文件夹权限的时候也要这样设置。

2) 共享文件夹无法显示在"网上邻居"中

【故障现象】

已经共享了某些文件夹，但是在"网上邻居"中无法查看，但是同一计算机的有些共享文件又能够看见。

【故障分析】

既然有些共享文件夹可以看见，说明该计算机的网络配置和连接正常。这其实并非一个故障，而是属于共享属性的一种配置类型。在 Windows 系统中，共享文件类型主要有两种，一种是供系统调用的；另外一种是供其他用户访问的。供系统调用的共享文件是不在"网上邻居"中出现的，但是可以用诸如"Net View"之类的命令显示；供其他用户访问的共享文件是可以在"网上邻居"中看见的。

那么如何配置为不可见的共享文件夹呢？只需在共享文件夹名后面加上一个符号"$"即可。例如在 Windows Server 2003 系统中，为各用户所自动创建的文件夹就是这样一个共享类型文件夹，每个用户只能看见自己的用户文件夹，而无法看见别人的用户文件夹。还有在 Windows Server 2003 中，一些磁盘安装后就设置为共享，但是它们的共享文件名后都有一个"$"符号，所以客户端用户是无法看见的。

【故障解决】

将共享文件名后的"$"符号删除，不能显示的共享文件就可以在"网上邻居"中出现了。

故障 7　集线器和路由器无法共享上网

【故障现象】

多台计算机采用宽带路由器和集线器连接，利用集线器扩展端口组网共享 Internet。连接完成后，直接连接至宽带路由器 LAN 口的 3 台机器能上网，而通过集线器连接的计算机却无法上网，路由器与集线器之间无论采用交叉线或平行线都不行，且集线器上与路由器 LAN 端口连接的灯不亮。另外，集线器上的计算机无法 ping 通路由器，也无法 ping 通其他计算机。

【故障分析】

(1) 集线器自身故障。故障现象是集线器上的计算机彼此之间无法 ping 通,更无法 ping 通路由器。该故障所影响的只能是连接至集线器上的所有计算机。

(2) 级联故障,例如路由器与集线器之间的级联跳线采用了不正确的线序,或者是跳线连通性故障,或者是采用了不正确的级联端口。故障现象是集线器上的计算机之间可以 ping 通,但无法 ping 通路由器。不过,直接连接至路由器 LAN 端口的计算机的 Internet 接入将不受影响。

(3) 宽带路由器故障。如果是 LAN 端口故障,结果将与级联故障类似;如果是路由故障,结果将是网络内的计算机都无法接入 Internet,无论连接至路由器的 LAN 端口,还是连接至路由器。

【故障解决】

从故障现象上来看,连接至集线器的计算机既无法 ping 通路由器,也无法 ping 通其他计算机,初步断定应该是计算机至集线器之间的连接故障。此时可以先更换一根网线试试,如果依然无法排除故障,则可以更换集线器解决。

故障 8　IP 地址冲突

【故障现象】

最近计算机经常出现下面这种情况,提示"系统检测到 IP 地址 xxx.xxx.xxx.xxx 和网络硬件地址 00 05 3B 0C 12 B7 发生地址冲突。此系统的网络操作可能会突然中断",然后就掉线一分钟左右又恢复网络连接。

【故障分析】

这种系统提示是典型的 IP 地址冲突,也就是该计算机采用的 IP 地址与同一网络中另一台计算机的 IP 地址完全相同,从而导致通信失败。与该计算机发生冲突的网卡的 MAC 地址是"00 05 3B 0C 12 B7"。通常情况下,IP 地址冲突是由于网络管理员 IP 地址分配不当,或其他用户私自乱设置 IP 地址造成的。

【故障解决】

由于网卡的 MAC 地址具有唯一性,因此可以请网管借助于 MAC 地址查找到与你发生冲突的计算机,并修改 IP 地址。使用"ipconfig/all"命令,即可查看计算机的 IP 地址与 MAC 地址。最后使用"arp–s IP 地址　网卡 MAC 地址"的命令,将此合法 IP 地址与你的网卡 MAC 地址进行绑定即可。

7.3　网络故障排除工具

作为一名合格的网络管理员,必须随时做好解决整个企业基础设施中的故障问题的准备。几分钟时间内,可能需要排除 PC 无法对无线网络进行身份验证的原因。网络故障排除对于网络技术专家和网络工程师是颇具挑战的工作。每当添加新的设备或网络发生变更时,新的问题就会出现,而且很难确定问题出在哪里。每一位网络工程师通常都有自己的应对经验和一些必备工具。以下介绍常用的网络工具。

1. Nmap

Nmap 是开源工具，通常被称作网络故障排除的"瑞士军刀"。它基本上是使用超级功能 ping 广播数据包来识别主机，包括主机的开放端口和操作系统版本。这些信息被集成到网络地图和清单中，从而使分析人员能够确定连接问题、漏洞和流量。

2. Netstat

随着网络复杂性的增加，需要简化网络管理让网络管理员的时间和输入更加有效。Netstat 在类似于 Unix 的操作系统以及 Windows 上很有用。在处理网络安全性问题时，最好了解与企业网络的入站和出站连接。

3. TCPDump

TCPDump 是网络诊断必备的故障排除工具。如果可以有效地使用它，那么可以在不影响无关应用程序的情况下快速查明网络问题。

4. ping

ping 是快速排除网络问题的最基础工具，可以轻松检查服务器是否已关闭，并且在大多数操作系统中都可用。

5. Tracert 和 Traceroute

对于任何网络团队而言，Tracert 和 Traceroute 都是重要的工具。通过它们可以深入了解数据采用的路径以及中间主机的响应时间。即使是最少量的信息也可以帮助阐明当前的问题，因此，在进行故障排除时，Tracert 和 Traceroute 无疑十分重要。

6. Mockoon

Mockoon 是新的工具。它允许网络专家创建模拟 API(Application Programming Interface，应用程序接口)并针对它们构建前端，而无须使用后端。通过将 Mockoon 与 Charles(一个 http 代理服务器)结合使用，甚至可以在系统的某些部分中使用实时 API，而在其他部分中使用模拟 API，而来回切换的工作量很小。

7. 网络抓包工具 Wireshark

Wireshark 是可用的最佳数据包捕获工具之一，是网络分析的必备工具。它用途广泛，速度快，并提供了广泛的工具和筛选器，可准确识别网络上正在发生的事情。

8. OpenVAS

OpenVAS 是一款漏洞扫描器。与 APPScan、AWVS、w3af 等 Web 漏洞扫描器不同，OpenVAS 是一款应用级别的漏洞扫描器，可以扫描 Windows 和 Linux 这种桌面和服务器主机的漏洞，同时也可以扫描如 Lot 设备、路由器等设备。与其同类型的扫描器还有 Nessus、Nexpose 等，其实 OpenVAS 是 Nessus 项目的一个分支，如今成为了十分著名的漏洞扫描器。

每个网络专家都应使用某种主动式漏洞扫描软件来检测网络威胁，在潜在威胁进入系统之前对其进行故障排除，而不是试图修复造成的破坏。建议使用 Wireshark 和 OpenVAS 之类的工具作为免费的开源工具，任何网络团队或专家都可以使用它们来识别对关键数据或系统的威胁。

9. Linux 系统 Dig 命令

Linux 中的 Dig 工具非常适合帮助解决站点可能位于的位置、关联的 IP 以及负载均衡后面的问题。

10. nslookup

nslookup 是一种常用于查询 DNS 解析记录,查找 DNS 解析故障的命令。通过 nslookup 命令可以查询目标域名是否正常解析,以及查找 DNS 解析故障的原因,并针对性地进行问题解决。

11. Speedtest-Plotter

速度和敏捷性对于生产力至关重要,尤其是随着远程工作的增加。Speedtest-Plotter 是一款不错的网络故障排除工具,可使用附近的服务器来测量互联网带宽。可以跟踪一段时间内的速度而不仅仅是一次分析,同时确定连接性的相关变化。

12. Batfish

强烈建议你将该网络配置分析工具添加到故障排除工具包中。虽然 ping 可以告诉你某些设备或连接存在问题,Traceroute 可以告诉你它在哪里出了问题,但是像 Batfish 这样的开源工具可以告诉你它为什么出现故障。更好的是,可以使用 Batfish 或类似的验证工具来确保网络故障不会发生。

13. Fiddler

Fiddler 是一个 http 的调试代理工具,以代理服务器的方式监听系统的 http 网络数据流动。Fiddler 可以让你检查所有的 http 通信,设置断点,以及获得所有进出的数据。Fiddler 还包含一个简单却功能强大的基于 JScript. NET 的事件脚本子系统,它可以支持众多的 http 调试任务。

当考虑网络故障排除工具时,现在可用的 SaaS(Software-as-a-Service,软件即服务)应用很多。虽然如此,Wireshark 和 Fiddler 是 SaaS 网络故障排除必不可少的工具。

14. New Relic 和 Pingdom

应从两个方面监控每个系统。首先,从系统/服务器本身到外部进行监控,推荐 New Relic。而从数据中心外部监控计算机的 IP,推荐 Pingdom。这种双向方法可以即时了解要在哪里找到问题。

15. 基于 SNMP 协议的工具

在很多网络环境中,SNMP 工具如最早的 SolarWinds 网络性能监视器、HPE 的网络节点管理器 CA Spectrum 或 i(NNMi),现在各大厂家均提供各自的网管软件和组件,都可以监控网络设备和特定接口的运行状况。这些工具还可以设置警报,以便在设备或特定接口关闭时通知网络工程师,这有助于管理员迅速清除网络中断。

16. 流量分析工具 netflow analyzer

netflow analyzer 是 ManageEngine 公司开发的一款网络流量监控与协议分析软件,又简称为 netflow 流量分析工具,专门用于监控网络活动,帮助用户了解流量构成、协议分布和用户活动。软件集流量收集、分析、报告于一体,能够支持流量监控分析、应用程序流量分析、网络安全分析、容量规划、IP SLA(Internet Protocol Service-Level Agreement，互联网协议服务等级协议)监控等，并且支持包括 NetFlow、sFlow、cFlow、J-Flow、FNF、IPFIX、NetStream、Appflow 等多种 Flow 格式，可以解析大流量数据，从而为全面了解企业的网络活动，合理有效分配和规划网络带宽提供科学的依据，保证企业的关键业务应用畅通运行。

17. 日志管理系统

解密网络设备日志是非常有用的故障排除技术。日志收集有两种方式——"推"和"拉"。"推"是设备或应用程序向本地磁盘或网络主动发送日志，一般 SaaS 版本的日志处理都采用这种方式；"拉"是由日志分析程序主动从设备拉取日志数据，本地部署版本基本都是自动拉取设备日志进行管理分析。

我们用到的软件是 syslog-ng 和 php-syslog-ng。安装了 syslog-ng 和 php-syslog-ng(需要系统支持 apache Web 服务器、php 脚本语言和 mysql 数据库软件)的机器作为这个系统的服务端，其他所有的服务器或者网络设备作为客户端，通过 UDP 协议向 syslog-ng 服务器发送 syslog 信息，syslog-ng 服务器收集其他设备的日志消息，并对这些日志消息排序和存储，然后使用分析功能将来自多个设备的日志事件相关联，以识别并快速解决网络问题。

万变不离其宗，网络故障排除的基本思路就是，出了故障，做分析，定位故障的层面，涉及哪个协议、哪个阶段，然后进行网络抓包，筛选出对应的报文，然后读网络报文，看报文中的字段反映的情况是否和你分析的一致，如果一致，则证明你在排除过程中的分析很大可能是正确的，按你的分析去排错；如果不一致，则推倒重来。

7.4　项目实训

实训 7.4.1　网络连接性故障排除

✦ **实训目的**

(1) 掌握连通性故障的故障表现；
(2) 掌握连通性故障排除方法。

✦ **实训环境**

网络实训室。

✦ **实训内容及步骤**

1. 查看故障表现

连通性故障通常表现为以下几种情况：

(1) 计算机无法登录到服务器；

(2) 计算机无法通过局域网接入 Internet；

(3) 计算机在"网上邻居"中只能看到自己，而看不到其他电脑，从而无法使用其他电脑上的共享资源和共享打印机；

(4) 计算机无法在网络内实现访问其他计算机上的资源；

(5) 网络中的部分计算机运行速度异常缓慢。

2. 分析故障原因

以下因素可能导致连通性故障：

(1) 网卡未安装，或未安装正确，或与其他设备有冲突；

(2) 网卡硬件故障；

(3) 网络协议未安装，或设置不正确；

(4) 网线、跳线或信息插座故障；

(5) Hub(即集线器)电源未打开，Hub 硬件故障，或 Hub 端口硬件故障；

(6) UPS 电源故障。

3. 排除方法

1) 确认是否为连通性故障

当出现一种网络应用故障时，如无法接入 Internet，首先尝试使用其他网络应用，如查找网络中的其他计算机，或使用局域网中的 Web 浏览等。如果其他网络应用可正常使用，如虽然无法接入 Internet，却能够在"网上邻居"中找到其他计算机，或可 ping 到其他计算机，即可排除连通性故障原因。如果其他网络应用均无法实现，继续下面操作。

2) 看 LED 灯判断网卡的故障

首先查看网卡的指示灯是否正常。正常情况下，在不传送数据时，网卡的指示灯闪烁较慢；传送数据时，闪烁较快。无论是不亮，还是长亮不灭，都表明存在故障。如果网卡的指示灯不正常，需关掉电脑更换网卡。对于 Hub 的指示灯，凡是插有网线的端口，指示灯都亮。由于是 Hub，指示灯的作用只能指示该端口是否连接有终端设备，不能显示通信状态。

3) 用 ping 命令排除网卡故障

使用 ping 命令，ping 本地的 IP 地址或电脑名，检查网卡和 IP 网络协议是否安装完好。如果能 ping 通，说明该电脑的网卡和网络协议设置都没有问题，问题出在电脑与网络的连接上，因此，应当检查网线和 Hub 及 Hub 的接口状态。如果无法 ping 通，只能说明 TCP/IP 协议有问题，这时可以在计算机的"控制面板"的"系统"中，查看网卡是否已经安装或是否出错。如果在系统的硬件列表中没有发现网络适配器，或网络适配器前方有一个黄色的"!"，说明网卡未安装正确，需将未知设备或带有黄色的"!"的网络适配器删除，刷新后，重新安装网卡，并为该网卡正确安装和配置网络协议，然后进行应用测试。如果网卡无法正确安装，说明网卡可能损坏，必须换一块网卡重试。如果网卡安装正确则故障原因是协议未安装。

4) 检查 Hub 和双绞线

如果确定网卡和协议都正确的情况下，还是网络不通，可初步断定是 Hub 和双绞线的问题。为了进一步进行确认，可再换一台电脑用同样的方法进行判断。如果其他电脑与本机连接正常，则故障一定是先前的那台计算机和 Hub 的接口上。

如果确定 Hub 有故障，应首先检查 Hub 的指示灯是否正常，如果先前那台计算机与 Hub 连接的接口灯不亮说明该 Hub 的接口有故障。

如果 Hub 没有问题，则检查计算机到 Hub 的那一段双绞线和所安装的网卡是否有故障。判断双绞线是否有问题，可以通过双绞线测试仪或用两块三用表分别由两个人在双绞线的两端测试。主要测试双绞线的 1、2 和 3、6 四条线(其中 1、2 线用于发送，3、6 线用于接收)。如果发现有一根不通就要重新制作。

通过上面的故障排查，我们就可以判断故障出在网卡、Hub 还是双绞线上。

实训 7.4.2　网络综合故障排除

✦ 实训目的

(1) 掌握常见的网络故障表现；
(2) 掌握复杂故障排除方法。

✦ 实训环境

网络实训室。

✦ 实训内容及步骤

1. 故障排除思路

定位故障范围：

(1) 全网性网络故障：可定位故障源在出口或核心区域；
(2) 小范围网络故障：可定位故障源在离故障源最近的相应设备或链路；
(3) 单点性网络故障：可定位故障源在故障源自身。

排除故障：总体上思路为"链路"和"配置"。首先确认网络或相关设备是否出现人为变更；其次检查物理链路、设备是否正常；最后检查网络设备的相关属性或配置。

2. 常用排错方法

1) 网络设备

(1) 查看状态灯，包括电源指示灯、状态灯和报警灯；
(2) 感知设备的温度，检查设备是否温度过高。

2) 物理链路

(1) 检查链路指示灯；
(2) 拔插链路，但光纤链路不建议多次拔插，多模光纤可以通过肉眼看到可见光；
(3) 更换端口。

3) 终端主机

Windows 系统可使用如下常用命令：

- ping 192.168.100.254　联通性测试；
- tracert -d 192.168.10.254　路径追踪；
- ipconfig /all　查看网卡信息；
- ipconfig /release　网卡信息复位；
- ipconfig /renew　重获取 IP 地址(DHCP 环境下)；
- ipconfig /flushdns　刷新 DNS 缓存；
- arp -a　查看 ARP 信息；
- arp -d　重置网卡 ARP 信息；
- telnet 192.168.100.254　远程登录。

4) 分段定位

(1) 从用户端 PC 到接入交换机；

(2) 从接入交换机到汇聚交换机；

(3) 从汇聚交换机到核心交换机；

(4) 从核心交换机到防火墙；

(5) 从防火墙到路由器；

(6) 从路由器到出口网关。

3. 网络设备使用环境

网络设备使用环境要求如下：

(1) 温度要求：15～30℃；

(2) 相对湿度要求：40%～65%；

(3) 洁净度要求：每升空气中大于或等于 0.5 μm 的尘粒数＜18 000 粒；

(4) 抗干扰要求：远离强功率、高频、大电流设备；

(5) 交流电源要求：100～240 V，50～60 Hz；

(6) 设备之间保持良好通风散热。

4. 常见故障案例汇合

故障案例 1：PC 无法获取 IP 地址

排查步骤：

① 检查 DHCP 服务器是否正常，相关服务是否运行；

② 从主机、核心交换机分别 ping DHCP 服务器；

③ 内网设置静态 IP 地址后，检查是否可以 ping 通网关；

根据上面的结果，从链路设置检查是否有故障。

故障案例 2：PC 可以获取 IP 地址，但不能上网

排查步骤：在不能上网的主机上输入 "cmd" →输入 "ipconfig/all"，查看获取到 IP 地址信息。

如果出现图 7.1 所示信息，说明 DHCP 服务器相应工作域的 "003 默认路由" 设置错误。

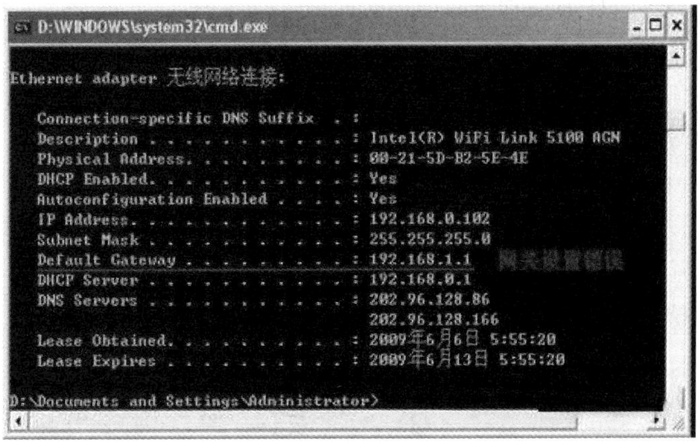

图 7.1　查看 IP 地址内容

故障案例 3：PC 获取到错误的 IP 地址

排查步骤：检查内网是否有人使用了 Windows 2003 Server 作为操作系统，并开启了 DHCP 服务，或使用无线宽带路由器，导致地址获取混乱。

解决方法：可以在接入交换机上开启 DHCP Snooping，只允许从上联口信任口获取 DHCP offer 报文，下联口不允许。

故障案例 4：PC 不能通过域名访问网站

排查步骤：DNS 未设置或设置错误。

故障案例 5：ARP 欺骗攻击

排查步骤：在不能上网的主机上输入"cmd"→输入"ipconfig/all"，查看获取到 IP 地址信息。

故障案例 6：配置错误—接口 VLAN 划分错误

此模式一般在设置了静态 IP 地址的环境中出现。

故障现象 7：主机 ping 不通网关

排查步骤：

① 输入"cmd"→输入"ipconfig/all"查看主机 IP 地址；

② 检查交换机相应端口的 VLAN 设置。

相关命令：show run，show int status。

故障案例 8：网络环路

现象：交换机端口指示灯一起同步闪烁，PC ping 外网丢包，上网特别慢。

排除方法：通过关闭端口寻找造成环路的网线或者端口。

解决方法：

① 通过开启生成树来解决该问题；

② 通过连接 PC 端口开启 spanning-tree bpduguard enable 来解决。

故障案例 9：校内只有部分网段能上网，其他不允许

现象：校园网内部只有部分网段能够上网，其他网段不允许。

排除方法：

① 出口路由器列表里面是否做了限制；

② 路由器回指路由是否正常；

解决方法：

① NAT 的 ACL 修改；

② 添加回指路由；

故障案例 10：内网服务器无法被公网访问

现象：在学校外无法通过公网地址访问学校 Web 服务器。

排除方法：出口路由器是否做了端口映射。

解决方法：添加端口映射来解决。

小　结

本项目主要介绍了网络故障排除流程、常见网络故障的表现、常见网络故障排除方法以及常用的一些网络故障诊断和排除工具。网络管理和软硬件故障分析都需要扎实的网络技术知识积累和丰富的故障排除经验，所以需要管理人员不断地学习来充实自己，以应对可能出现的种种问题。

习　题

1. 选择题

(1) 利用(　　)命令可以显示有关统计信息和当前 TCP/IP 网络连接的情况，用户或网络管理人员可以得到非常详尽的统计结果。

A. ipconfig　　　　B. netstat　　　　C. tracert　　　　D. ping

(2) 物理层网络故障的主要现象是(　　)。

A. 硬件故障　　　B. 线路故障　　　C. 逻辑故障　　　D. 以上都是

(3) 路由器故障诊断可以使用(　　)。

A. 路由器诊断命令

B. 网络管理工具

C. 局域网或广域网分析仪在内的其他故障诊断工具

D. 以上都是

(4) 以下(　　)不是路由器广域网接口。

A. RJ-45　　　　　B. FDDI　　　　C. AUI 端口　　　D. 高速同步接口

(5) 以太网中，如果发现半/全双工冲突问题，下列(　　)不是采取的方法。

A. 两端都设置为自适应　　　　　　B. 两端都设置为半双工

C. 两端都设置为半单工　　　　　　D. 两端都设置为全双工

(6) 以下(　　)不是 ISDN 的基本连接方式。

A. 使用外置终端适配器　　　　　　B. 使用内置 ISDN PC 卡和数字电话

C. 使用普通 PCI 网卡　　　　　　　D. 兼用内外置适配器

(7) ARP 地址冲突故障是由( )造成的。

A. 操作　　　　　　B. ARP 欺骗　　　　C. ARP 攻击　　　　D. 以上都是

(8) 服务器软件故障的原因有( )。

A. 服务器的 BIOS 版本太低

B. 服务器的管理软件或服务器的驱动程序有 bug

C. 应用程序有冲突

D. 以上都是

(9) 常用的防火墙包括( )。

A. 包过滤防火墙　　　　　　　　B. 应用级防火墙

C. 状态检测防火墙　　　　　　　D. 以上都是

(10) 无线网络中的安全缺陷主要有( )。

A. 数据传输的安全缺陷

B. 身份认证 WEP 的安全缺陷

C. "服务集标识符" SSID 的安全缺陷

D. 以上都是

2. 判断题

(1) 使用 ipconfig 命令可以查看 IP 配置，或配合使用/all 参数查看网络配置情况。( )

(2) 调制解调器是计算机联网中的一个非常重要的设备。它是一种计算机硬件，能把计算机产生出来的信息翻译成可沿普通电话线传送的模拟信号。而这些模拟信号又可由线路另一端的另一调制解调器接收，并译成接收计算机可懂的语言。( )

(3) 网桥(Bridge)也称桥接器，是连接两个局域网的存储设备，用它可以完成具有相同或相似体系结构网络系统的连接。( )

(4) OSPF 是 Open Shortest Path First(开放最短路由优先协议)的缩写。它是 IETF 组织开发的一个基于链路状态的自治系统内部路由协议。在 IP 网络上，它通过收集和传递自治系统中的链路状态来动态地发现并传播路由。( )

(5) 当网络发生拥塞时，一般会出现数据丢失，时延增加，吞吐量下降，严重时甚至会导致"拥塞崩溃"。( )

(6) X.25 是一组协议集合(或称协议栈)，它包含物理层、数据链路层和网络层协议，适用于高速线路。( )

(7) DNS 故障发生的主要原因有病毒、不良软件和域名对应的 IP 地址不正确。( )

3. 简答题

(1) 路由器诊断常用命令有哪四种？

(2) 常用的网络故障测试命令有哪些？

(3) 简述无线网要解决的两个主要问题。

(4) 交换机的问题主要有哪几个方面？

(5) 排除路由器故障的步骤是什么？

(6) 简述故障管理的一般步骤。

参 考 文 献

[1] 毛吉魁，李新德，王颖. 计算机网络技术[M]. 2 版. 北京：北京理工大学出版社，2017.

[2] 梅创社，李爱国. 计算机网络技术[M]. 3 版. 北京：北京理工大学出版社，2019.

[3] 梅创社，李爱国. 计算机网络技术[M]. 西安：西安电子科技大学出版社，2019.

[4] 梁广民，王隆杰. 思科网络实验室 CCNA 实验指南[M]. 北京：电子工业出版社，2009.

[5] 梁广民，王隆杰. 思科网络实验室 CCNP(路由技术)实验指南[M]. 北京：电子工业出版社，2012.

[6] 龚娟，王欢燕. 计算机网络基础[M]. 3 版. 北京：人民邮电出版社，2017.